頂尖甜點師的
磅蛋糕自信作

瑞昇文化

磅蛋糕專業技法
Contents

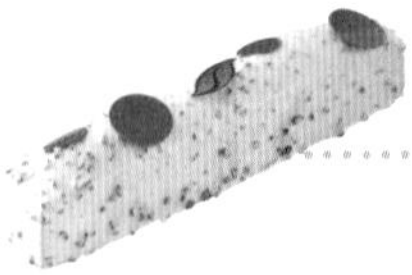

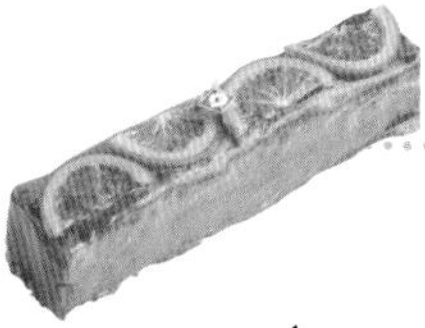

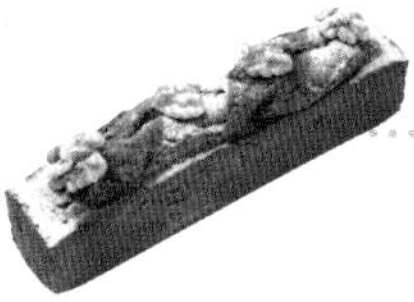

本書的小提醒

- 本書介紹35間名店的蛋糕材料、作法，以及調味構思等。
- 內容是2014年採訪當時的資料。價格、供應期間、材料和作法、造型設計或外層裝飾等皆可能有所不同。
- 也有人認為「週末蛋糕」屬於和「蛋糕」不同的類型，但本書視為「蛋糕」處理。
- 材料和作法的標示依循各店的方法。
- 份量標示為「適量」的材料，請根據狀態依個人喜好使用。
- 材料中，鮮奶油和牛奶的「%」表示乳脂肪含量，巧克力的「%」表示可可含量。
- 無鹽奶油的正規標示為「不使用食鹽的奶油」，以通稱「無鹽奶油」標示。
- 加熱、冷卻、攪拌時間等，是各店使用店內慣用機器時的情形。

Pâtisserie Française
Archaïque

店主兼主廚糕點師　高野 幸一

構思製作蛋糕時格外重視「如何讓客人吃到美味的乾燥水果？」。為了發揮水果特有的原始風味，會將水果浸漬在法國產的香草系利口酒和蘭姆酒內，再裹上蜂蜜。

別出心裁的花樣變化

焦糖磅蛋糕
→P.161

週末蛋糕
→P.167

柳橙蛋糕
→P.169

西洋梨焦糖蛋糕
→P.161

Packaging

每條都會用OPP透明紙包裹。如需禮品包裝服務，將使用具通用性的店家禮品包裝盒（150日圓，含稅）包裝，且會繫上蝴蝶結。

烘焙甜點角落的一隅（上層）陳列了送禮專用且已裝進紙盒內的樣品。下層則陳列了切片販售的商品。帶餡甜點（生菓子）專用的冷藏展示櫃上層，陳列了磅蛋糕和焦糖磅蛋糕。

水果內餡蛋糕

蛋糕體

使用高筋麵粉和中筋麵粉襯托出蛋糕體的美味，並在1個蛋糕體內加入約100g的充足水果，利用這些粉類的力量撐住水果。使用黑糖提升蛋糕體的風味，再加入保水性佳的酸奶油做出滑順口感。採用麵粉和奶油預先混合的技法（稱為「粉油拌合法」）製作。

內餡材料

將杏桃乾、無花果乾、葡萄乾、糖煮柳橙、糖漬櫻桃、核桃等，浸漬在Kummel Cristallise※和蘭姆酒內1個月以上製成餡料。

模具尺寸

長15cm×寬5.5cm×高5cm

外層裝飾

塗抹店家自製的杏桃醬。表層預留斜向的帶狀，其他部位撒上不易融化的糖粉，然後在帶狀部位裝飾杏桃乾、無花果、葡萄乾、核桃、開心果，最後從上方塗抹杏桃醬。

※以葛縷子的種子為基底，添加茴芹、孜然和檸檬皮等等的香料，製作而成香氣十足的高級利口酒。

使水果更加美味
而發揮巧思的蛋糕

水果內餡蛋糕

1條 1600日圓（含稅）
供應期間　秋～翌春

水果內餡蛋糕

長15cm×寬5.5cm×高5cm的磅蛋糕模具6條的量

…蛋糕體…

材料

黑糖……140g
精製細砂糖……60g
發酵奶油（四葉乳業）……200g
鹽……2g
A ┌ 中筋麵粉……150g
 │ 高筋麵粉……50g
 └ 發粉……7g
全蛋……200g
酸奶油……70g
醃漬水果＊……600g
蜂蜜……20g

＊醃漬水果
〈準備量〉
杏桃（乾燥的）……400g
無花果（乾燥的）……400g
葡萄乾……1.5kg
糖煮柳橙……1kg
糖漬櫻桃……400g
核桃（生的）……1kg
Kummel Cristallise……750ml
蘇打蘭姆酒……1000ml

1. 杏桃乾對切成半，無花果乾切成和杏桃乾差不多的大小。
2. 將全部的水果和核桃放進容器內，注入Kummel Cristallise和蘭姆酒充分攪拌混合。
3. 剛開始浸漬的第1個星期，必須每天整個充分攪拌混合1次，之後，則維持浸漬狀態，最少浸漬1個月以上。

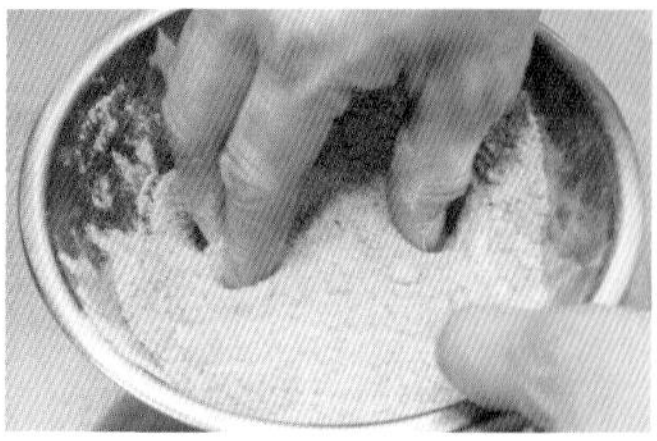

1. 充分混合黑糖和精製細砂糖。

2. 將變軟的發酵奶油放進攪拌盆，加入1的1/2的量和鹽，使用電動攪拌器的低速攪拌。

3. 均勻攪拌後，放入已過篩且混合完成的A，再將電動攪拌器的速度提高為中速，攪拌成內部空氣飽滿的狀態。

4. 和3同時進行，將全蛋放進攪拌盆，加入1剩下的1/2的量，用打蛋器攪拌混合，使砂糖完全融解。

5. 3的粉粒消失後，將4分成3～4次加進來，繼續攪拌。期間，可用橡皮刮刀將附著在攪拌盆側面、底部或電動攪拌器上的蛋糕體麵糊刮下來，放回到攪拌盆的麵糊內，繼續攪拌均勻。

6. 蛋糕體麵糊充滿空氣，色澤比剛開始的狀態更偏白即可。

…烘焙 & 裝飾…

1. 用刷毛將無鹽奶油（份量外）薄薄地塗抹在模具內，再均勻地撒入高筋麵粉（份量外），然後撣掉多餘的部分。

2. 用攪拌片在每個模具內倒入250g的蛋糕體麵糊。

3. 用蛋糕抹刀調整蛋糕體麵糊，做出正中央下陷且往兩側偏高的斜坡狀。

4. 放在烤盤上，使用上火和下火都設定為170℃的烤箱烘烤約35～40分鐘，然後在烤盤下方再墊上一片烤盤，繼續烘烤10分鐘。

材料

店家自製杏桃醬＊……………適量
不易融解的糖粉……………適量
裝飾用的醃漬水果（參照第8頁）
- 杏桃……………18個
- 無花果……………12個
- 葡萄乾……………12個

核桃（烘焙過的）……………12個
開心果……………18粒

＊店家自製杏桃醬
〈完成品約1480～1690g〉
冷凍杏桃（切半）……………1000g
杏桃（半乾）……………200g
果膠……………12g
精製細砂糖……………600g
水……………300ml

1. 冷凍杏桃解凍後煮沸。
2. 半乾杏桃淋熱水約10分鐘放回。
3. 開火加熱**1**、**2**至40℃。
4. 果膠、精製細砂糖60g混合，充分攪拌後加入到**3**裡，再繼續攪拌混合。
5. 加入剩下的精製細砂糖和水，用大火燉煮到Brix※54～55%。

※譯註：Brix即白利糖度（Degrees Brix，符號° Bx），是測量糖度的單位。

7. 將酸奶油調整成和**6**的蛋糕體麵糊溫度相同的溫度（22～23℃），然後加進麵糊內，用橡皮刮刀混合。

8. 將蜂蜜加進瀝掉水氣的醃漬水果內均勻混合。

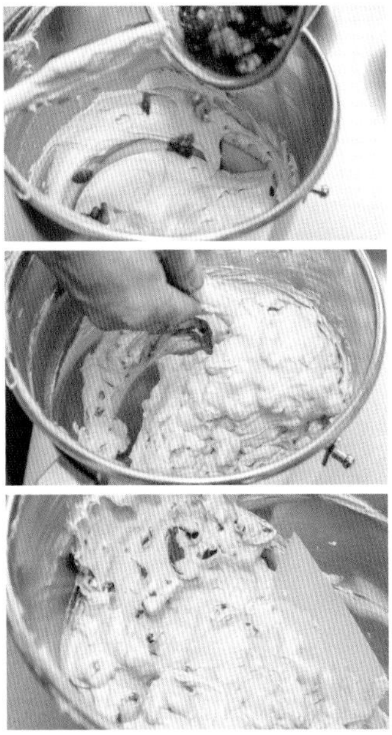

9. 將**8**加到**7**的蛋糕體麵糊內均勻混合。下方照片是蛋糕體攪拌完成的狀態。

5. 用模具底部輕敲烤盤1～2下，讓空氣排出。再從模具中取出蛋糕體放在烤網上。

6. 剛出爐的熱氣散去後，將燉煮好的杏桃醬塗抹在上面。

7. 杏桃醬冷卻後，將尺斜放在表面上，撒上不易融解的糖粉。

8. 在每條蛋糕體上沒有沾到糖粉的部位，均衡地擺放杏桃3個，無花果、葡萄乾、核桃各2個，開心果3粒等裝飾。

9. 最後為了黏著和做出光澤，必須將杏桃醬塗抹在裝飾處以及沒有沾到糖粉的部位。

利用粉油拌合法 做出質地穩定又細緻的蛋糕體

高野幸一主廚利用粉油拌合法製作水果內餡蛋糕。粉油拌合法是將粉類混進奶油等油脂類中，再摻入空氣後加雞蛋的製法。

當粉類混入奶油時，粉的麩質形成受到抑制，而且雞蛋的水分被粉所吸收，奶油與雞蛋變得不易分離。這個作法的特色，是能夠做出質地穩定又細緻的麵糊。

糖油拌合法是攪拌奶油與砂糖，依序加入雞蛋、粉類製作，容易出現麩質，麵糊也會浮起，因此根據想要的狀態，烘烤前必須在冰箱裡靜置一晚，不過以粉油拌合法製作的蛋糕體麵糊馬上就能烘烤，不會因製作者不同而有差異，高野主廚相當肯定這項優點。

高野主廚說，首先，精製細砂糖與黑糖一起混合，一半加入奶油，另一半和雞蛋加在一起。一開始奶油加入砂糖打發，可抑制過度打發使麵糊更好使用。

混合到奶油當中的麵粉，使用中筋麵粉與高筋麵粉。為使麵糊的口感滑順，可再添加酸奶油。由於加了奶油與酸奶油等油脂以及許多水果乾，要是蛋糕體太軟嫩，將會無法支撐。話雖如此，如果只用高筋麵粉，則「麵糊的感覺」會太強烈，反而會變成很像丸子的麵糊，需多次嘗試讓中筋麵粉與高筋麵粉取得平衡，找出可發揮蛋糕體美味與效力的比例。

若想做出理想中溼潤的口感，模具的大小也很重要。蛋糕容易烤透，若表面積（烘烤面）多，而內側的麵糊部分少，烘烤時水分容易蒸散而變得很乾。

因此，比起小型、細長形、高度高的模具，整體較大者比較能夠適度地維持水分，味道與口感也更好，長15cm×寬5.5cm×高5cm的模具尺寸恰到好處。

輕鬆購買 恣意享用

「水果內餡蛋糕是可吃到水果的點心，蛋糕體本身只是連接物。」該怎麼做才能讓水果乾好吃，高野主廚費了一番心思。

以前會在加了數種香料的利口酒裡浸漬，但水果原本的味道會變淡，所以改成具有優雅清香與透明感滋味的香草利口酒「Kummel Crist-allise」與蘭姆酒浸漬。於是蛋糕整體的風味變淡，加進蛋糕體麵糊裡的部分砂糖改用黑糖，讓味道更濃郁，醃漬水果在混入麵糊前先沾上蜂蜜讓滋味增添深度。

烘烤的重點在於依據蛋糕體麵糊的不同改變溫度。厚重的麵糊以較低溫度慢慢烤，輕盈的麵糊則以較高溫度快速烤好。水果內餡蛋糕便是以較低的170℃烘烤35~40分鐘，然後底下再墊上1片下烤盤繼續烘烤10分鐘。

烘烤後塗上的杏桃醬是自製的，自己能做的東西都親自動手，由此可見主廚的堅持。

高野主廚認為，蛋糕是烘焙點心的必備項目，是客人能放心購買的商品。「蛋糕並非高價商品。希望客人能像買點心一樣輕鬆購買，單純地品嚐。」因此壓低價格讓客人容易下手購買，切片販售時則切成大塊。

切片販售時，「西洋梨焦糖蛋糕」在烘烤後的焦糖蛋糕體表面有很深的燒焦色，容易令客人望之卻步，為了向客人傳達橫剖面可口的顏色而切片販售。

所有點心，尤其烘焙點心的包裝，因主廚不喜歡過度裝飾，因此沒有準備蛋糕專用的紙盒或包裝。話雖如此，客人以該店的蛋糕作為禮品送禮的需求相當高，也經常寄送。這時便裝進通用的紙盒繫上緞帶包裝。

matériel

首席糕點師　**林 正明**

使用蔓越莓或黑醋栗等紅色水果，為蛋糕增添華麗氣氛。追求日本人偏愛的口味，享受水果本身嬌嫩多汁的口感，創造出潤澤溫和的風味。

別出心裁的花樣變化

水果內餡蛋糕
→P.154

諾曼第巧克力蛋糕
→P.159

咖啡諾瓦蛋糕
→P.163

週末香橙蛋糕
→P.169

無花果柳橙蛋糕
→P.171

整齊排列在帶餡甜點的冷藏展示櫃旁且維持在15～16℃的展示櫃內。由於是人氣商品，因此陳列在容易吸引顧客視線的下層位置。

Packaging

會放進符合蛋糕大小的特製透明盒內。也提供和其他商品並用、不占收納空間的套筒式禮品盒（150日圓，含稅）。附腰帶，採用節省不浪費的環保包裝。

嫣紅蛋糕

蛋糕體

在摻有覆盆子粉的淡粉紅色蛋糕體麵糊中，混入櫻桃白蘭地「Kirsch」浸漬的水果等。徹底打發奶油，放入多顆雞蛋，做出日本人容易品嚐的輕盈蛋糕體。

內餡材料

將煨煮的蔓越莓和櫻桃做成浸漬1個月以上的櫻桃酒，強調香氣和風味。如果連同煨煮的黑醋栗一起浸漬，則成品容易變為黑色，因此會另外放入。

模具尺寸

長14cm×寬6cm×高5.5cm

外層裝飾

畫出玻璃糖霜的箭頭，再裝飾蔓越莓、櫻桃、煨煮的黑醋栗，煨煮的草莓。使用杏桃醬做出光澤，再撒上焦糖裝飾的開心果。

追求裝飾的華麗感
與日本人偏愛的輕盈感

嫣紅蛋糕

1條 1600日圓（含稅）／
1切片 230日圓（含稅）
供應期間　整年

長14cm×寬6cm×高5.5cm的磅蛋糕模具20條的量

蛋糕體

材料

	發酵奶油（四葉乳業）	730g
	精製細砂糖	720g
	全蛋	820g
	杏仁粉	670g
A	低筋麵粉	770g
	覆盆子粉（冷凍乾燥品）	40g
	發粉	10g
	櫻桃酒漬水果＊	1430g
	煨煮的黑醋栗	330g

＊櫻桃酒漬水果

煨煮的蔓越莓	660g
煨煮的櫻桃（切半）	660g
櫻桃白蘭地（Kirsch）	110g

將煨煮的蔓越莓和煨煮的櫻桃放入密閉容器內混合，倒入份量的櫻桃白蘭地靜置1個月以上。

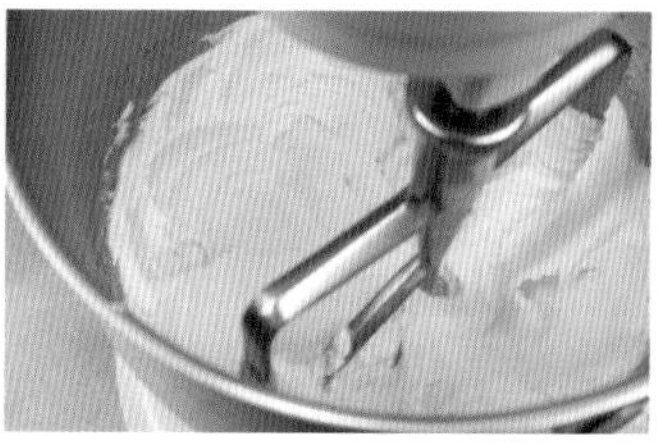

1. 將放回至室溫、已變軟的奶油和精製細砂糖放進攪拌盆，攪拌成內部空氣飽滿的狀態。

2. 整體變白、冒泡後，將全蛋分成3～4次加進來。蛋如果太冰涼，會使奶油凝結，必須把蛋放回至常溫（建議溫度為15～16℃）備用。

3. 每次加入全蛋，都要先以手握式電動攪拌器充分攪拌，均勻混合後，再加入下一個全蛋。

4. 氣溫較低的冬季，奶油較不易攪拌。這時，可用噴火槍對著攪拌盆底部輕輕加熱，便會比較容易攪拌。遇熱後，奶油會從接觸攪拌盆的面開始融解，因此也不需要用橡皮刮刀刮下附著在攪拌盆側面的蛋糕體麵糊。

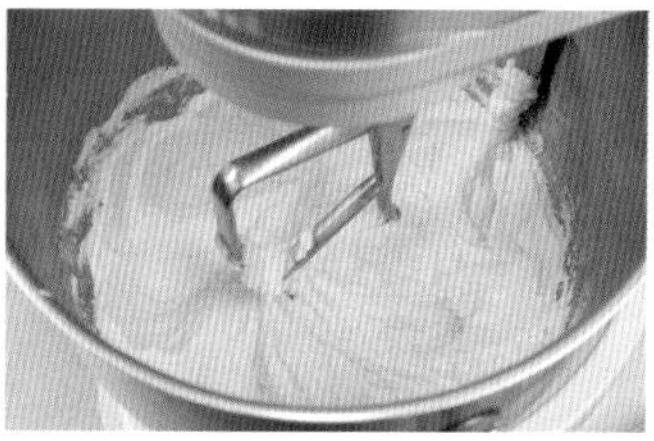

5. 加入最後的全蛋後，用攪拌器徹底攪拌至奶油恢復到加蛋前充分融合的狀態。使用的雞蛋很多，因此若多多少少出現分離的狀態也無妨。相對於蛋糕體，水果的比例很多，而且浸漬在櫻桃白蘭地內而含有水分，因此若不在這個階段充分攪拌蛋糕體麵糊，完成品的口感會很厚重。

6. 蛋糕體麵糊融合後，加入杏仁粉，再稍微用攪拌器徹底拌勻。即使最初有分離情形，最後仍會因杏仁粉吸收掉麵糊的水分，而使材料黏合，消除分離狀態。

7. 在攪拌器攪拌的過程中混合材料A，並過篩1次。經由加入覆盆子粉，帶出水果風味和顏色。

…烘焙 & 裝飾…

材料（1條的量）

胭脂水果醬……………………適量
- 杏桃醬…………………………1kg
- 覆盆子果泥…………………250g

玻璃糖霜…………………………適量
- 糖粉…………………………500g
- 檸檬汁…………………………65g
- 水……………………………20ml

裝飾
- 煨煮的草莓……………………2個
- 煨煮的黑醋栗…………………2粒
- 櫻桃酒浸漬的水果（參照14頁）………………適量
- 杏桃醬…………………………適量
- 開心果（焦糖裝飾的）………適量

＊鋪紙

對齊蛋糕模具用的紙型剪裁牛皮紙，從上方擺放摺疊紙，確實且緊密地摺疊出彎角處。在這裡完整地做出摺角，能使烘烤完成的蛋糕邊角不會磨圓，讓外觀更精緻美麗。

8. 充滿空氣且**6**攪拌至乳霜狀的程度後（上）再加入**7**。加入粉類前若沒有攪拌至輕柔狀態，烘烤時表面會出現不自然的裂紋，成品的口感也不會輕盈。

9. 一開始使用低速的攪拌器，待粉類融合、不會飛散出來後，便改為高速充分攪拌（下）。

10. 粉類完全混合後，拆下攪拌盆，加入櫻桃酒浸漬的水果和煨煮的黑醋栗。水果如果太冰涼，會使麵糊凝結變硬，必須把水果放回至常溫備用。

11. 使用橡皮刮刀小心地整個大略攪拌一下，以免弄破水果。

1. 將鋪紙裝到磅蛋糕模具內。使用鋪紙，可以省掉清洗各烘烤模具的時間與精力，烘烤顏色也較為均勻。

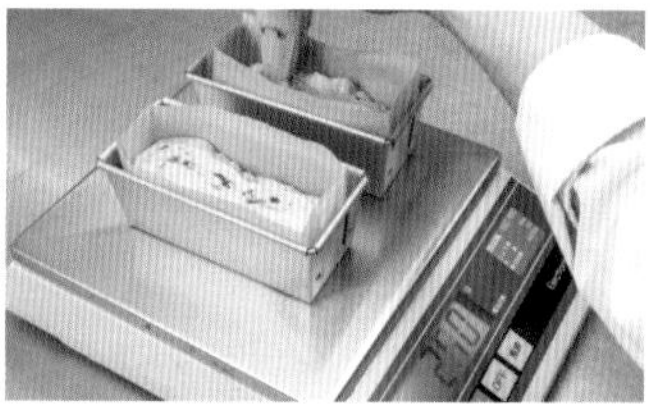

2. 將蛋糕體麵糊放進擠花袋（不裝花嘴）內，每個模具擠入260g。麵糊會隨著時間緊縮變硬，因此麵糊完成後須立即擠出烘烤。

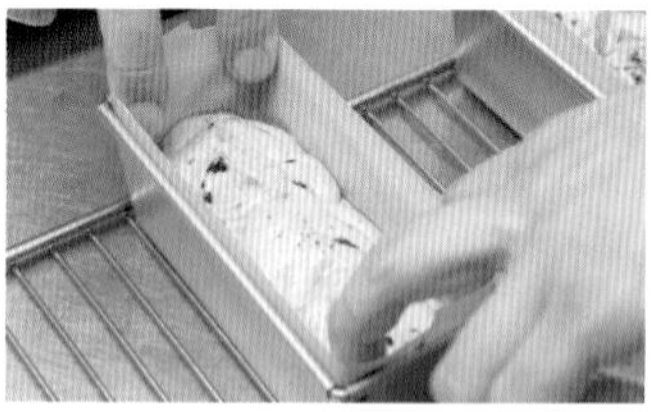

3. 擠出麵糊後，用2根手指按住鋪紙的邊角處往外側擴張，讓麵糊充分流動到邊角位置。

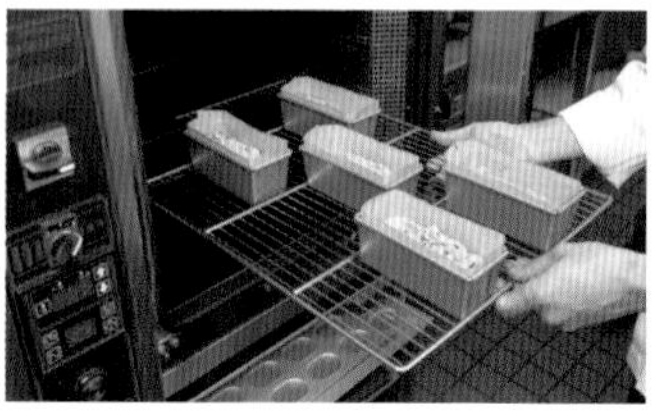

4. 將**3**放在烤網上，用設定155℃的對流烤箱烘烤35～40分鐘。因為放在烤網上，熱風能均勻地環繞。

5. 烘烤完成後從模具中取出，連同鋪紙一起在烤網上放涼，然後用保鮮膜包裹，放進冷凍庫。

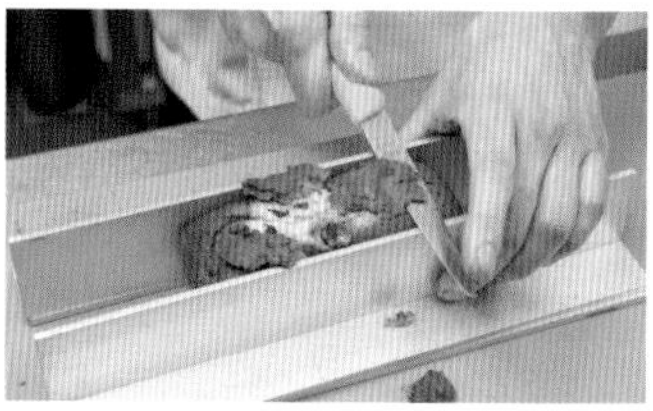

6. 恢復至常溫後，剝除蛋糕外層的鋪紙。這個蛋糕烘烤時的上面是底部，用高5.5cm的模具對齊，把底部多餘的部分切掉，讓底部平坦。

7. 製作胭脂水果醬。將材料放進鍋裡用小火煮，邊攪拌邊煮至融解，煮好後過篩。

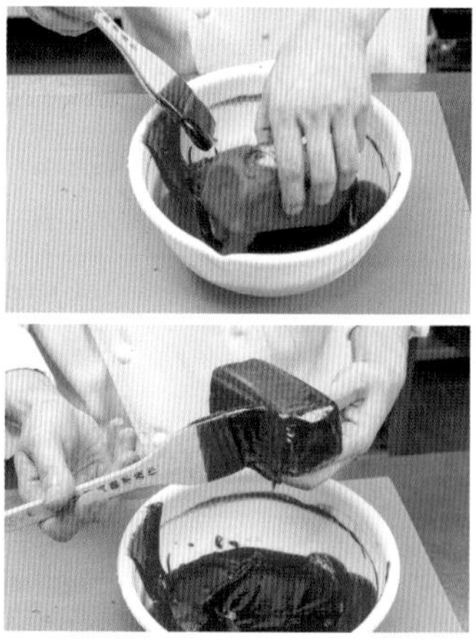

8. **7**趁熱塗抹在蛋糕所有的面上。首先將上面、底面、前面、後面快速地浸在胭脂水果醬中，側面則用刷毛塗抹。

9. 所有的面都塗抹後直接放著晾乾。

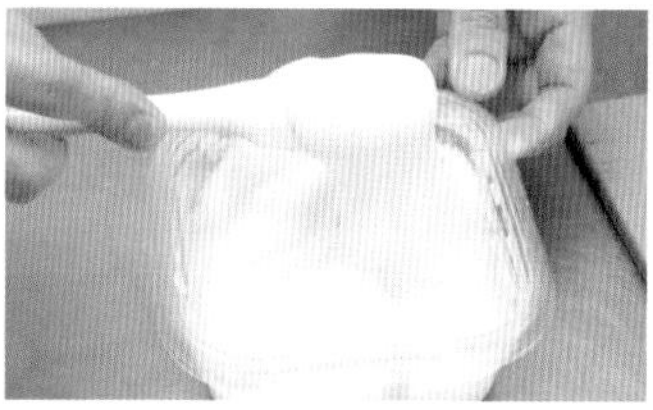

10. 製作玻璃糖霜。在糖粉中放入檸檬汁和水攪拌混合。

11. 在**10**的上面用蛋糕抹刀將玻璃糖霜拉出1條線狀，然後使用裝飾用水果均勻地裝飾在上面。

12. 在裝飾用水果上薄薄塗抹一層煮溶的杏桃醬，再撒上開心果。

每次加入的奶油與雞蛋 都要確實打發，維持輕柔感

「蛋糕是採用麵粉、雞蛋、奶油、砂糖等4種材料組合，製作成具簡約、樸實美味等特色的魅力甜點。」『matériel』的林主廚說。該店店名「matériel」，出自於重視麵粉、雞蛋、砂糖等點心三大材料的想法而以此命名。

對於靈活運用優質材料並以此為準則的林主廚來說，被定位於基本甜點之一的，正是這款蛋糕。

「嫣紅蛋糕」是以傳統的蛋糕製法為基本再加以改良，在該店算是比較新穎的商品。為了在色調容易流於單調的蛋糕商品陣容中呈現華麗感，開發出使用紅色水果讓外觀顯得漂亮的蛋糕。

利用糖油拌合法製作的蛋糕體麵糊，活用打發奶油產生的乳脂性，儘管奶油與雞蛋較多，卻做出輕柔溼潤質地細緻的蛋糕體，以符合日本人的口味。

重點在於，首先要將奶油與精製細砂糖確實打發成含有空氣的狀態。用攪拌器攪拌一下奶油會變稀，有利於逐漸打發。若在冬季，奶油不容易變稀而難以打發時，可在攪拌盆的周圍用噴槍稍微加熱，奶油便會容易打發。

然後雞蛋分3～4次加入。這種麵糊盡量要輕一點，因此雞蛋份量可調配得多一些。若是加入剛從冰箱取出的雞蛋，會使麵糊變冷造成奶油凝固，麵糊本身也會變硬，因此盡量先讓雞蛋恢復到15～16℃。

加了雞蛋之後，確實打發麵糊。最後會加入使用洋酒浸漬好的厚重水果，為完成輕盈的口感，在此做成鬆軟的狀態。回到一開始奶油與精製細砂糖確實打發的狀態是最理想的。

之後添加的杏仁粉，也是有意讓麵糊變輕，使用油脂量少的加州產濃帕爾種杏仁。加入杏仁粉後會吸收麵糊的水分，分離的麵糊將逐漸結合，使全部有一體感。

加入粉類前藉由維持奶油打發的狀態，即使混入粉類麵糊也不會散，能烤出鬆軟輕柔感。

混合粉類後，加入用櫻桃白蘭地浸漬的蔓越莓與櫻桃，還有煨煮的黑醋栗。黑醋栗可增添恰到好處的酸味，但若與其他水果一起用櫻桃白蘭地浸漬，所有水果都會變黑，無法呈現漂亮的紅色，因此黑醋栗不用浸在洋酒中，直接添加即可。

用對流烤箱 烤得鬆鬆軟軟

烘烤時使用對流烤箱。用熱風烘烤，麵糊容易浮起，很適合用來烘焙蛋糕。判斷烤好的標準是，觀察表面膨脹破掉的部分是否烤出淡淡的顏色。烤太久會失去溼潤感，確認烤到變色後就立刻從烤箱中取出。

裝飾時，蛋糕上下顛倒用水果點綴。為了讓6種蛋糕的外觀呈現變化，分成表面膨脹隆起的蛋糕，與上面平坦的蛋糕，在外觀的變化下工夫。

「裝飾與設計每次都不一樣。」林主廚說。相同商品每天也在外觀上呈現變化，費心讓客人不會看膩。

「蛋糕在特別的日子裡賣得特別好。」林主廚說。在情人節，點綴心形巧克力的「諾曼第巧克力蛋糕」；在白色情人節，白色的「週末香橙蛋糕」；在聖誕節，加上柊樹裝飾的「嫣紅蛋糕」，與時節搭配的蛋糕都賣得不錯。價格實惠保存得久，美觀大方的蛋糕，可是『matériel』的人氣商品呢！

Pâtisserie Voisin

店主兼糕點師　**廣瀨 達哉**

使用食物調理機Robot Coupe乳化，做出蛋糕一般的風味，利用水果和堅果展現出深層美味。巧克力裝飾不僅入口即化，也為外觀帶來精緻美感。

別出心裁的花樣變化

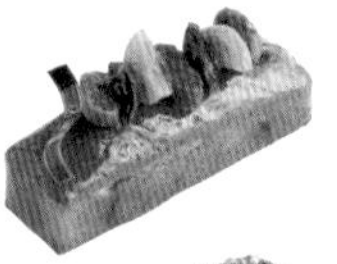

水果蛋糕
→P.154

焦糖蛋糕
→P.161

鳳梨蛋糕
→P.172

開心果蛋糕
→P.174

Packaging

裝在符合蛋糕大小的特製透明塑膠盒內陳列。也提供繫蝴蝶結的服務，供顧客送禮使用。

冷藏展示櫃內的下層陳列切片蛋糕，上層陳列整條蛋糕。包含季節商品，平時準備約5～6種蛋糕。

巧克力蛋糕

蛋糕體

混入可可粉的蛋糕體麵糊利用食物調理機 Robot Coupe迅速混合材料，再加入融解的奶油。乳化時不摻入多餘的空氣，呈現出潤澤且入口即化的口感。

內餡材料

混合烘烤核桃、半乾燥的黑棗和杏桃、浸漬在黑蘭姆酒內1～2個月的葡萄乾、可可巴芮巧克力（Cacao Barry）公司的帶苦味64％巧克力，展現複雜多樣的風味。

模具尺寸

長16cm×寬4.5cm×高5.5cm

外層裝飾

將加有切碎烤杏仁的巧克力豆大量地淋在表層上方，再用糖煮柳橙裝飾，最後塗抹鏡面果膠。利用具有光澤的巧克力淋醬（脆皮巧克力），使外觀美麗奪目。

潤澤、入口即化、口感佳
以蛋糕的王道顏色為目標

巧克力蛋糕

1條 1450日圓（含稅）／
1切片 200日圓（含稅）
供應期間　整年

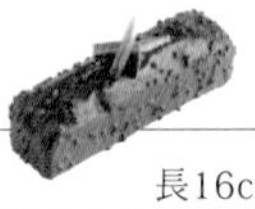

巧克力蛋糕

長16cm×寬4.5cm×高5.5cm的蛋糕模具10條的量

蛋糕體

材料

A
- 高筋麵粉……142g
- 低筋麵粉……142g
- 發粉……11g
- 可可粉……65g

無鹽奶油（四葉乳業）……350g
全蛋……375g
精製細砂糖……275g
海藻糖……43g
核桃（烘烤的）……85g
黑棗（半乾燥的）……175g
杏桃（半乾燥的）……87g
蘭姆酒漬葡萄乾＊……87g
64％巧克力（可可巴芮（Cacao Barry）巧克力公司）……87g

＊蘭姆酒漬葡萄乾
葡萄乾（乾燥的）……適量
黑蘭姆酒（Negrita公司）……適量

將乾燥的葡萄乾放進沸騰的熱水內泡軟，瀝乾水氣後再放進黑蘭姆酒內浸漬1～2個月。

1. 準備攪拌蛋糕體麵糊時使用的食物調理機Robot Coupe。首先，將材料A混合並過篩，完成後放進食物調理機內。

2. 將恢復至常溫的全蛋放進攪拌盆內用打蛋器打散，再加入精製細砂糖和海藻糖充分攪拌混合。

3. 把**2**全部倒進**1**裡。

4. 轉動食物調理機Robot Coupe攪拌。攪拌約10秒鐘，呈現出濃稠狀態。

5. 緊接著，一口氣加入已用微波爐加熱過且剛出爐熱氣已散去的融解的奶油。

6. 再次轉動食物調理機Robot Coupe攪拌。攪拌約10秒鐘。

7. 把**6**移到攪拌盆內。在短時間內，輕鬆做出光澤度佳、乳化完成的蛋糕體麵糊。

…烘焙＆裝飾…

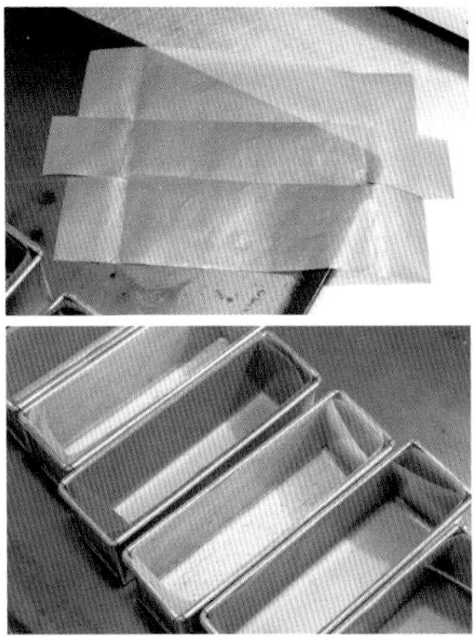

1. 將鋪紙裝到蛋糕模具內。使用水洗乾淨可重複利用的鐵氟龍片剪裁成符合模具的大小。

2. 將做好的蛋糕體麵糊裝進擠花袋（不裝花嘴）內，每個模具擠入180g。烘烤後，蛋糕體麵糊會往上膨脹，因此麵糊只能倒至模具高度的1/2左右。

3. 各模具輕輕放在工作面上，讓倒入的蛋糕體麵糊平坦，將手指從模具內側按住鋪紙往模具的四邊角處壓，讓蛋糕體麵糊能順利流動到邊角位置。

4. 將橫式烤箱上火和下火都設定為160℃。合計烘烤約35分鐘，但一開始先設定為15分鐘。

材料

酒糖液（Imbibage）……………適量
- 糖漿（波美比重計30°）……450g
- 水……………………………85ml
- 黑蘭姆酒（Negrita公司）…50ml

巧克力淋醬（脆皮巧克力）*….適量
裝飾（1條的量）
- 糖煮柳橙（切片）…………2切片
- 鏡面果膠……………………適量

*巧克力淋醬（脆皮巧克力）

巧克力豆……………………………3000g
烤杏仁（切至極細碎）………………600g
沙拉油………………………………300ml
64%巧克力（可可巴芮（Cacao Barry）巧克力公司）…………………………1500g

將材料放進耐熱容器內，用微波爐加熱融化。

8. 要加到蛋糕體麵糊內的水果乾類、核桃、巧克力。除了蘭姆酒漬葡萄乾以外，其他都切成相同大小備用。要切成能夠品嚐出各自風味和口感的略大尺寸（切得太小會吃不出味道），這是一大重點。

9. 把**8**全部倒進**7**裡，用橡皮刮刀攪拌均勻。由於蛋糕體麵糊已經充分乳化，因此徹底攪拌就可以了。攪拌完成的麵糊不必擱置，可立即擠放到模具內烘烤。

5. 烘烤15分鐘後，先暫時從烤箱取出，用菜刀劃出1道縱向切紋。邊用水浸溼菜刀邊進行，以免蛋糕體麵糊沾到菜刀上。

6. 全部都劃上切紋後，再次放進烤箱內，繼續烘烤約20分鐘。照片是烘烤完成的出爐狀態。

7. 在烘烤過程中製作酒糖液備用。將糖漿和水倒進鍋內開火，沸騰後關火加入黑蘭姆酒。先搖晃鍋子混合，讓酒精散去。酒糖液須配合出爐的時間製作。

8. **6**烘烤出爐後立即從模具中取出，剝除鋪紙。將熱騰騰的**7**移放至烤盤內，將蛋糕浸泡其中，讓酒糖液充分滲入蛋糕所有的面。

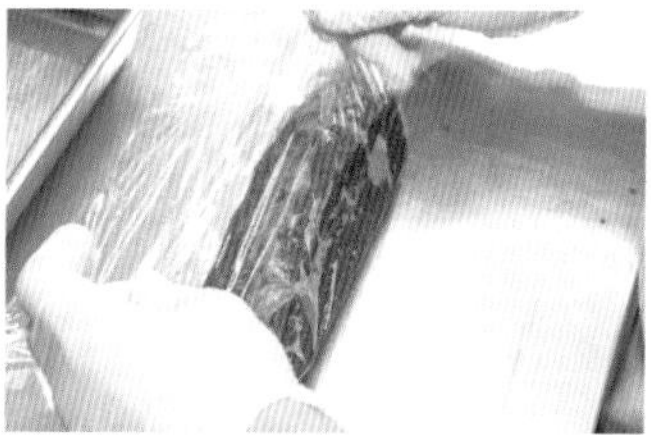

9. 立即將**8**包裹在保鮮膜內徹底密封，放進冰箱（或冷凍庫）1星期，讓蛋糕入味。

10. 將**9**恢復至常溫放在烤網上，淋上大量的巧克力醬。相對於25℃的蛋糕，淋上40℃的巧克力醬最為理想。

11. 在蛋糕中央處裝飾糖煮柳橙，再從糖煮柳橙的上方塗抹鏡面果膠。

不摻入多餘的空氣
短時間內完成光澤佳的乳化

以傳統的法式甜點為基礎，廣瀨達哉主廚用感性加入變化的『Voisin』的甜點。以人氣極高的巧克力風味帶餡甜點為首，也備有馬卡龍和烘焙甜點等，以當地的轉運站為中心聚集顧客。

『Voisin』店內平時販賣約6種蛋糕。除了固定的4種以外，另有1～2種使用鳳梨或栗子等季節素材製作的季節限定蛋糕。

經典之一的「巧克力蛋糕」，是不分季節時令，整年度皆廣受歡迎的人氣商品。

在4種食材（奶油、砂糖、雞蛋、麵粉）採用相同比例為基準的前提下，混合可可粉到蛋糕體麵糊中，廣瀨主廚另加入了他認為「最適合搭配巧克力蛋糕體」、以黑棗為主的水果乾，以及充分散發出苦味的巧克力，混合烘烤後，周圍再用巧克力淋醬包裹成脆皮巧克力風味，最後用烤杏仁裝飾。

廣瀨主廚表示：「我從以前便一直認為，將奶油、砂糖、雞蛋、麵粉等4種食材以相同比例製作蛋糕是有其意義的，如此便可以做得很美味。我們店裡也以不偏離這基本配方的原則思考食譜。」他的目標是做出「真正有蛋糕風味的蛋糕。」廣瀨主廚將該如何做出潤澤、入口即化、口感佳、能品嚐蛋糕原始魅力等念頭時時放在心中，以製作經典又正統的蛋糕為目標。

要做出口感佳且入口即化的蛋糕時，關鍵要點在於混合材料時必須充分乳化。『Voisin』店內過去是用一般的攪拌機混合，現在則靈活運用食物調理機 Robot Coupe。使用攪拌機混合容易將空氣摻入，導至完成品的口感不佳，但食物調理機 Robot Coupe不會讓多餘的空氣摻入，因此能迅速做出光澤閃亮且乳化完成的蛋糕體麵糊。

浸泡充足糖漿
用保鮮膜鎖住香氣

簡約樸實的蛋糕體麵糊，通常會將完成的麵糊靜置在冰箱一天，隔日再進行烘烤。然而，像這種麵糊般的內餡，特別是加入了可可或巧克力的麵糊會比較容易變得緊實，因此做好麵糊後要立即倒進模具內烘烤。也為了避免口感變硬，巧克力蛋糕體麵糊迅速混合後立刻烘烤是很重要的。

在每個模具倒入180g的蛋糕體麵糊。雖然只到模具的一半高度，但只要有確實乳化，蛋糕體便會因烘烤而往上膨脹。

用160℃的烤箱烘烤約35分鐘時，經過最初的15分鐘後先觀察表面。若呈微焦狀態則暫時取出，用刀子在蛋糕中央劃出一道切紋。如此一來，表面會裂得漂亮，能烘烤出真正宛若蛋糕的模樣。劃出切紋後徹底烘烤至完成，之後浸泡在糖漿內以充分帶出口感，是一大重點。

烘烤後要塗抹含有蘭姆酒的糖漿，這個糖漿基本上必須配合蛋糕烘烤的時間調製。將剛出爐的蛋糕迅速浸泡在熱騰騰的糖漿內，能更容易入味。這時，用保鮮膜從浸泡過糖漿的位置開始1條1條地包裹、密封，糖漿便會慢慢流往整個蛋糕，無論是蛋糕的哪一處都能充分入味，做成完整的美味蛋糕。

密封也有殺菌的功能，進行這個步驟能使蛋糕保存期延長至2個星期。如果沒有密封，只是蓬鬆地包裹住，則水滴會附著在隙縫間，容易在衛生上出現問題，也會影響風味。

用保鮮膜包裹的蛋糕靜置在冰箱內1星期，讓蛋糕入味。糖漿中的蘭姆酒、水果的甘甜、酸味、香氣等，都會移轉到蛋糕體上，產生和剛出爐時截然不同的深層風味。

最後修飾用的巧克力淋醬（脆皮巧克力）也和內餡一樣，使用可可風味強的可可巴芮（Cacao Barry）巧克力公司的產品。融解時的溫度太低，會使完成時的狀態沒有光澤，因此要記得融化至40℃即可。理想狀態是讓蛋糕溫度恢復至接近25℃左右。入口即化的巧克力塗層完整地包覆蛋糕，烤杏仁的口感也是一大亮點，讓美味倍增。

PUISSANCE

店主兼主廚糕點師　井上 佳哉

在採用4種食材（使用相同比例的奶油、砂糖、雞蛋、麵粉）做成的蛋糕體麵糊內，加入磨碎的檸檬皮和檸檬汁，帶出清爽香氣和酸味。褐色奶油特有的榛果香氣和Glace à L'eau透明糖衣的精粹口感也極具魅力。

別出心裁的花樣變化

法式蛋糕
→P.154

紅茶酒漬蛋糕
→P.163

卡特卡蛋糕
→P.165

週末蛋糕

蛋糕體

在攪拌雞蛋和砂糖的過程中，依序加入檸檬皮、檸檬汁、低筋麵粉和褐色奶油製作。加入奶油後，將蛋糕體麵糊攪拌混合成濃郁緊緻般的滑順狀態，做成質地細緻濃醇的蛋糕體麵糊。

模具尺寸

長17cm×寬6.5cm×高5cm

外層裝飾

烘烤後，在上面和側面塗抹杏桃醬，再疊上一層透明糖衣，然後撒上切碎的開心果裝飾。

店內深處特別訂購的架檯上，陳列了以蛋糕為主體的古典風味的烘焙甜點、菓子塔、酥皮可頌等。

Packaging

每條分別用OPP透明紙包裹。簡單禮品用的包裝服務，會直接繫上金色蝴蝶結。如有特別要求，會裝進白色紙盒（免費）內，並以褐色包裝紙包裝，再繫上蝴蝶結。

追求經典魅力
檸檬的清爽感和褐色奶油的芳醇滋味

週末蛋糕

1條 1800日圓（含稅）／1切片 250日圓（含稅）
供應期間　整年

週末蛋糕

長17cm×寬6.5cm×高5cm的磅蛋糕模具4條的量

蛋糕體

材料

無鹽奶油（高梨乳業「特選・北海道奶油」）……………………300g
全蛋………………………………7個
精製細砂糖……………………260g
檸檬………1個（適量磨碎檸檬皮）
低筋麵粉………………………260g

1. 將無鹽奶油放進銅鍋內以中火煮。

2. 邊觀察**1**的狀態邊同時進行，將全蛋和精製細砂糖放進攪拌機附屬的攪拌盆內，以高速打蛋器攪拌，徹底打出泡沫。

3. 在攪拌盆內研磨檸檬皮。再在其他容器內擠壓檸檬果實，然後過濾到裝有檸檬皮的攪拌盆內，以免果肉和種籽摻入。

4. **1**的奶油出現細緻泡沫和香氣後，即邊攪拌邊加熱（上）。攪拌加熱至出現榛果般的色澤和香氣後，便從火上移開（中）。接著將銅鍋接觸冰水讓顏色固定下來（下）。

5. 待**4**剛起鍋的熱氣散去後，便邊過濾邊移放至容器內。

6. 待**2**的麵糊被攪拌打發至舀起滴落時會有絲帶狀的痕跡留下後（上），便加入**3**均勻攪拌（中），接著倒入已過篩的低筋麵粉，攪拌至沒有粉狀顆粒殘留的滑順狀態（下）。

7. 邊一點一點地加入**5**的褐色奶油邊攪拌混合。攪拌至麵糊的質地緊縮、柔滑有光澤為止。

…烘焙 & 裝飾…

材料

開心果（冷凍）	適量
杏桃醬	適量
方旦糖霜	適量
糖漿（波美比重計30°）	適量

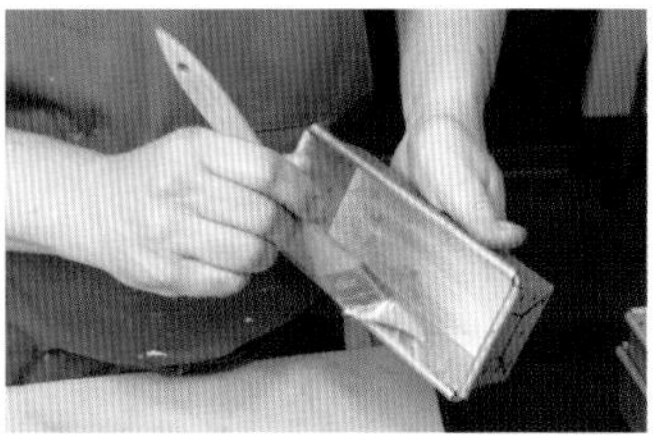

1. 用刷毛在磅蛋糕模具的內側均勻塗抹薄薄一層無鹽奶油（份量外）。然後在上面均勻撒上薄薄一層高筋麵粉（份量外），倒出多餘的粉末，再將模具排列在烤盤上。

2. 將蛋糕體麵糊倒進**1**的模具內。

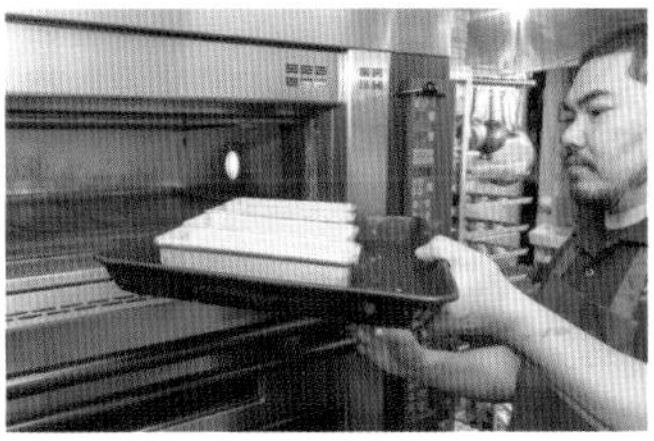

3. 使用上火和下火都設定為160℃的烤箱烘烤約15分鐘，然後烤盤的前後方向對調再繼續烘烤，總共烘烤約30～40分鐘。

4. 烘烤完成後，將模具底部在烤盤上輕輕敲幾下，再把模具翻過來，從中取出蛋糕體放涼。

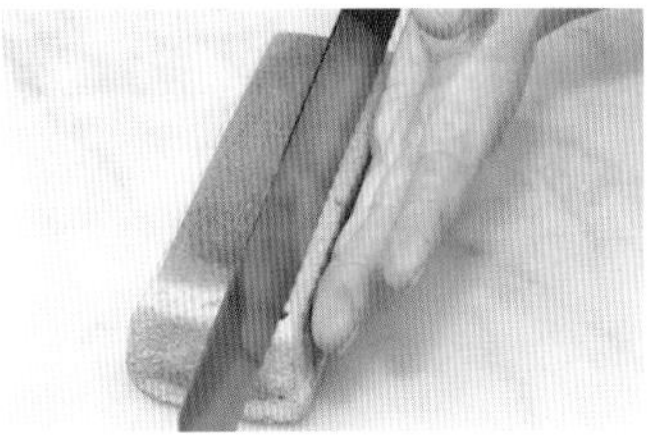

5. 將上下4邊的邊角切掉，調整蛋糕體的形狀。

6. 將杏桃醬的濃度燉煮至不會滲透進麵糊內的程度。

7. 用刷毛將杏桃醬迅速塗抹在**5**的底面以外的其他面，在表面乾燥前，直接靜置在烤網上。

8. 將方旦糖霜加熱至比人體肌膚稍熱的程度，加入糖漿，調製至手指舀起時能透明可見的濃度（溫度以近似人體肌膚即可）。

9. 用刷毛將方旦糖霜迅速塗抹在底面以外的其他面上，然後放在烤網上待表面乾燥。

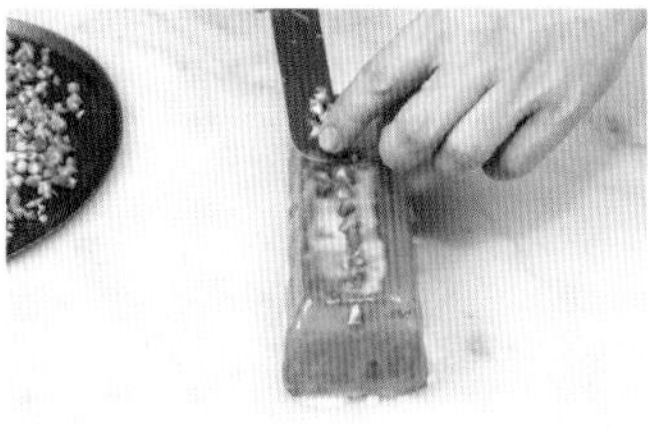

10. 將開心果預先浸泡在熱水中軟化還原並切碎，然後使用低溫烤箱乾燥完成，最後裝飾在**9**的表面。

正因為簡約樸實
每一個步驟才更要精準確實！

在法式甜點中提到蛋糕，十之八九是指果肉餡安格斯蛋糕（CAKE ANGLAIS，一種水果蛋糕），多半是將奶油和砂糖混合後，再依序倒入打散的蛋液、各種粉類混合製作。另外，週末蛋糕的作法是將雞蛋和砂糖充分打發之後，才混合粉類以及融解的奶油。使用的材料雖然相同，製作過程卻很不一樣，因此能做出特色迥異的甜點。

本書將週末蛋糕歸類為與蛋糕親近的品項，我們也拜託井上佳哉主廚製作『PUISSANCE』店內傳統法式甜點當中深受好評的烘焙甜點。

井上主廚提到，他在自己的甜點製作上追求的是「我自己覺得美味，且裡面有獨特亮點的甜點。」他將材料本身具備的甜、酸、苦、鮮、口感、濃郁等各種特色徹底誘發至極限，並在製作甜點時，讓這些滋味在單一甜點中達到絕妙均衡。將蛋糕體烘烤至接近微焦的扎實狀態，也是『PUISSANCE』這家店的特色。

在「週末蛋糕」上也同樣重視如何充分引誘出材料具備的獨特味道，以及口感上抑揚頓挫的變化。此外，麵糊的混合方式等每個步驟都留神注意，即使只是非常簡約的步驟卻也毫不馬虎。

雞蛋和砂糖用攪拌機的打蛋器以高速攪拌至發泡，將蛋糕體麵糊攪拌成舀起時滴落的麵糊會留下帶狀痕跡的狀態。

其次是依序混合磨成泥狀的檸檬皮、檸檬果汁、粉類。為避免結塊，快速攪拌甚為重要，因此，放入粉類和進行攪拌必須由兩人分別負責執行。

粉類消失不見後，便可逐漸放入少量的褐色奶油混合。這時的重點是要讓麵糊緊縮，讓材料徹底乳化成質地細緻的滑順狀態。

奶油若選用融解奶油會容易氧化，若使用褐色奶油則不易氧化，香氣也會變高。

嚴選素材，
做出印象深刻的美味

將週末蛋糕的蛋糕體麵糊倒進模具後，用160℃的烤箱烘烤約15分鐘，然後烤盤的前後方向對調再繼續烘烤約15～25分鐘。蛋糕體均勻烘烤後，整個表面會漂亮地膨脹起來。

然後，趁熱在蛋糕體的上面和側面塗抹燉煮的杏桃醬，等杏桃醬乾燥到不會沾手的程度後，再塗上一層透明糖衣。為防止杏桃醬的水分在蛋糕體和透明糖衣之間流動，透明糖衣必須俐落明快地完成，便不容易融解。

表面裝飾的是切碎的開心果，是使用生的冷凍類型。直接解凍會使顏色較差，必須先浸泡在熱水中軟化還原、切碎、再次乾燥等步驟，才能維持鮮豔的綠色。

井上主廚表示：「與組合材料製成的帶餡甜點不同，在簡約的烘焙甜點中做出各種充滿特色亮點的美味。」直接呈現材料味道也是烘焙甜點的特徵，因此要選擇優質材料。

井上主廚說：「特別是奶油對味道的影響很大，我非常愛用評價甚佳的高梨乳業的『特選．北海道奶油』。」然而最近奶油產量不足而難以取得，因此似乎也必須尋找包括法國產的產品等主廚喜愛味道的奶油。

標榜「純正法國風味的法式蛋糕店」的此店，走進店內立刻能看見「eat-in（在店內品嚐）」專用的櫃檯，正面的冷藏展示櫃內陳列著帶餡甜點。舉凡烘焙甜點、糖類甜點、酥皮可頌，以及鹹味糕點（Traiteur），比鄰陳列的模樣和法國的法式蛋糕店如出一轍。

冷藏展示櫃旁邊的黃銅和玻璃製的架檯有原創的特別訂製品。擺放主廚非常喜愛的品項，並陳列主廚的得意烘焙甜點。蛋糕則是依常被選作送禮的品項順序，擺放在視線容易停留的高度。

Pâtisserie
La Girafe

店主兼主廚糕點師　本鄉 純一郎

將法國亞爾薩斯傳統糕點「Pain d'épices」用磅蛋糕模具烘烤成蛋糕。然而，主廚在當中展現敏銳的鮮明線條，藉此和傳統的蛋糕劃出界線。這是同時重視「古典風雅」和「現代時尚」的本鄉純一郎主廚獨特的表現手法。

別出心裁的花樣變化

水果蛋糕
→P.154

巧克力蛋糕
→P.159

焦糖杏桃蛋糕
→P.162

香橼蛋糕
→P.167

普羅旺斯蛋糕
→P.175

Packaging

具有巴黎風情的包裝。在黑盒（200日圓，未稅）上方繫上帶有素材感的麻繩。盒子雖然是組裝式的，但因為是特殊紙，具有高級感。蛋糕不放入除氧劑等化學品，直接密封。賞味期限為1星期。

單條販售的蛋糕有L Size和S Size可選擇，陳列在有仿古玻璃門的家具內。切片販售的則排列在帶餡甜點的冷藏展示櫃上。

法式傳統糕點Pain d'épices

蛋糕體

由香料（肉桂、豆蔻、丁香、八角、生薑）和蜂蜜、黑麥結合而成，具重量感和散發潘趣酒風味的蛋糕體。在黑麥全麥麵粉中加入玉米澱粉、高筋麵粉、發粉做成混合粉，再將香料、雞蛋等奶油以外的材料混合其中，之後再加入融解的奶油使麵糊乳化、黏稠。

內餡材料

混入切至極細碎的糖煮柳橙，增加蛋糕的要素。糖煮柳橙使用散發自然柳橙風味的店家自製品。

模具尺寸

長14cm×寬6cm×高5.5cm／長10cm×寬5cm×高4.5cm

外層裝飾

為了讓人想像蛋糕中的內容物，而從材料中挑選出部分具特徵性的物品裝飾在外。以不破壞典雅氣氛的方式裝飾。讓底面朝上，是想利用敏銳鮮明的線條讓人感覺到「現代時尚」的風格。

改變古典甜點的風格
以蛋糕姿態展現

傳統糕點Pain d'épices

1條 L Size 1400日圓、
S Size 800日圓（各未稅）
1切片 240日圓（未稅）
供應期間　整年

長14cm×寬6cm×高5.5cm的磅蛋糕模具30條＋長10cm×寬5cm×高4.5cm的磅蛋糕模具10條的量

…蛋糕體…

材料

發酵奶油……………………………630g
紅砂糖………………………………180g
糖水…………………………………450ml
蜂蜜（法國產，多種花蜜）…1440g
全蛋…………………………………16個
A 黑麥全麥麵粉（日清製粉）
……………………………………990g
高筋麵粉（日清製粉）
……………………………………270g
玉米澱粉…………………………180g
發粉…………………………………90g
B 肉桂粉……………………………36g
豆蔻粉………………………………18g
丁香粉…………………………………9g
C 牛奶………………………………630ml
八角…………………………………18個
生薑（磨成泥狀）…………54g
糖煮柳橙（店家自製，切至極細碎）
………………………………………1440g

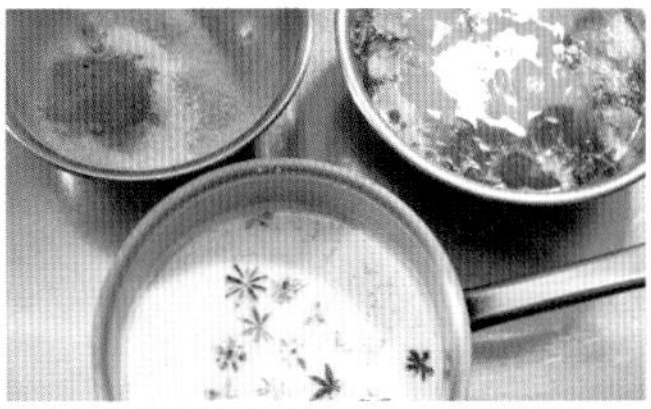

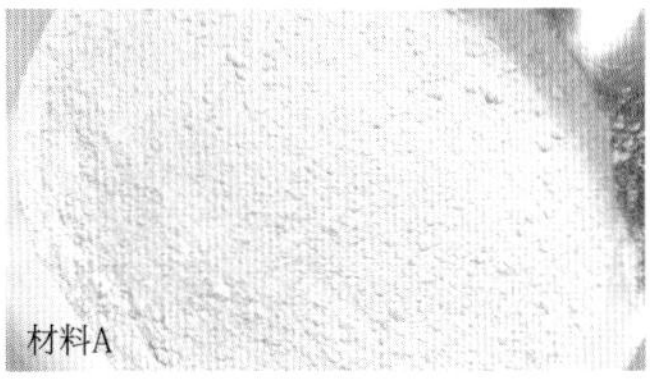

法國亞爾薩斯傳統糕點「Pain d'épices」的特徵是香料、蜂蜜、黑麥粉。（上）香料當中，八角和生薑的香氣會轉移到牛奶上。蜂蜜則選用多種花蜜香氣高的類型。因為相當濃醇，需用糖水稀釋。只用黑麥粉會使蛋糕體麵糊變重，因此加入玉米澱粉讓整體變輕盈。高筋麵粉是為了製作維持細小氣泡的麩質膜。

其他材料。雞蛋放回至常溫，發酵奶油以隔水加熱的方式融解。加入糖煮柳橙作為蛋糕的要素。

1. 牛奶開火加熱，沸騰後放入八角、磨成泥狀的生薑，再從火上移開。蓋上鍋蓋靜置1小時，讓香氣轉移到牛奶上。

2. 將過篩的A的粉類放進攪拌盆，加入B的香料、紅砂糖，用打蛋器輕輕攪拌混合。

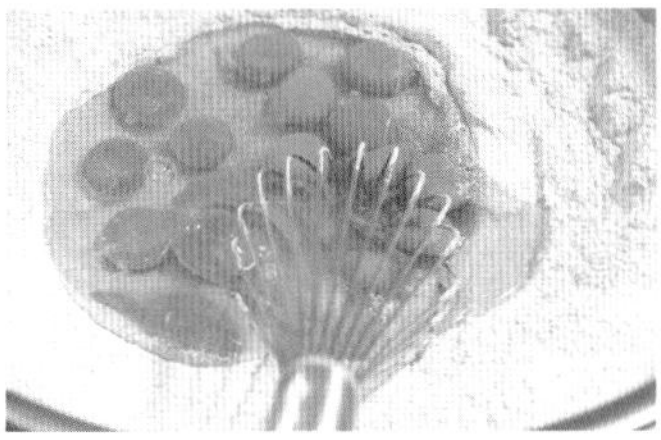

3. 加入放回至常溫的全蛋。

4. 緊接著邊過濾**1**邊加進去。取出八角和剩下的生薑，加進蛋糕體麵糊內。也可以使用網眼較粗大的濾網。

5. 用打蛋器打散雞蛋，並同時攪拌牛奶和雞蛋。

6. 從液體的中央處以把圓擴展的感覺攪動打蛋器，再一點一點地把邊緣的粉末摻進去。

7. 雖然只是攪拌，仍要避免摻入不必要的空氣或造成麩質出現，必須要安靜充分地攪拌。

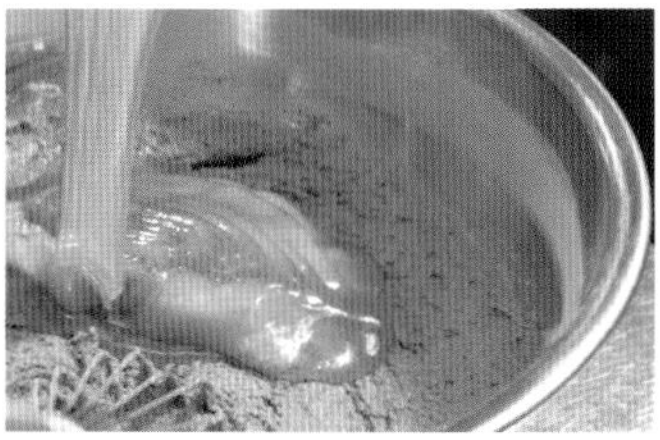

8. 混合後，將隔水加熱備用的蜂蜜和糖水加進去。

9. 和**6**相同的從蜂蜜和糖水的中央處以把圓擴展般攪動打蛋器，一點一點地混合攪拌。

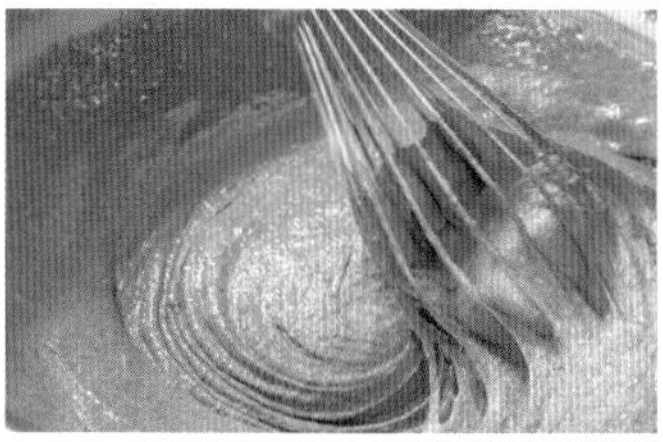

10. 攪拌成均勻滑順的蛋糕體麵糊。

…烘焙＆裝飾…

3. 放進上火和下火都設定為175℃的烤箱內，S大小的烘烤約30分鐘，L大小的烘烤約40分鐘。如有蜜狀的泡沫從蛋糕體麵糊的裂紋中冒出，則代表內部還沒有烤好。不再有泡沫冒出後，即可從烤箱中取出。

4. 趁熱從模具中取出，將底面朝上，放置在散熱器架上放涼。在常溫下靜置一晚使其穩定。

5. 隔日，塗抹熱騰騰的鏡面淋醬。以磅蛋糕底面朝上的狀態，在上面和側面塗抹鏡面淋醬，凝固後必須再塗一次。

6. 裝飾裂開的肉桂棒、八角、丁香、豆蔻的殼。

材料

鏡面淋醬＊	適量
肉桂棒	適量
八角	適量
丁香	適量
豆蔻的殼	適量

＊鏡面淋醬

〈準備量〉

檸檬汁	100ml
水	500ml
精製細砂糖	300g
果膠	20g
香草棒（使用2號）	2根

1. 混合精製細砂糖和果膠。
2. 混合檸檬汁和水並開火煮。
3. 從溫熱的**2**中取出少量加進**1**內，融合後加進**2**內融解。
4. 加入香草棒煮至沸騰，再過濾放涼。

可以冷凍保存。冷凍的情形下，使用之前再重新煮沸使用。

1. 在模具內塗抹油（份量外），貼上鋪紙備用。

2. 將蛋糕體麵糊放進沒有裝花嘴的擠花袋內，擠到每條蛋糕模具內，L大小（長14cm×寬6cm×高5.5cm）的模具擠入210g，S大小（長10cm×寬5cm×高4.5cm）的模具擠入100g。

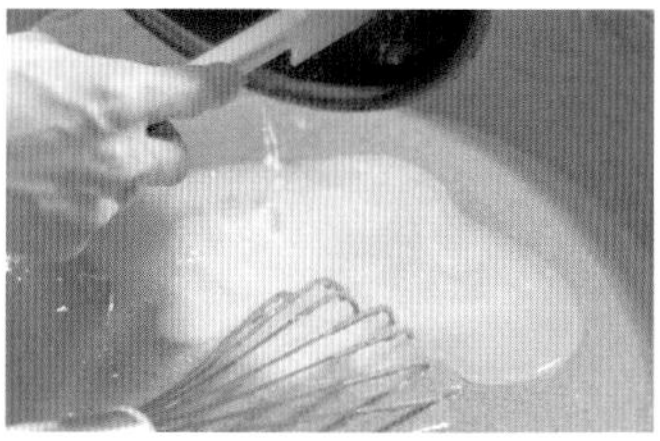

11. 加入隔水加熱融解的發酵奶油。

12. 在這個步驟使麵糊乳化是一大關鍵。從奶油的中央開始攪拌，把圓一點一點往外攪動擴展，同時混合蛋糕體麵糊。為了讓它順利乳化，必須邊確認黏稠狀態邊進行。

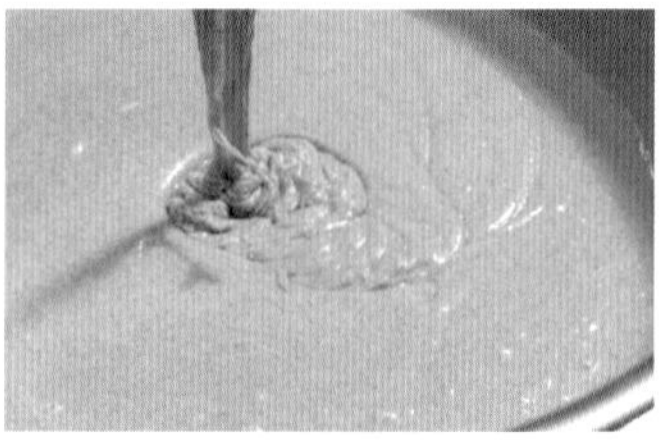

13. 奶油和蛋糕體麵糊乳化，整體呈現滑順、流動落下的鬆滑狀態。

14. 加入糖煮柳橙混合。糖煮柳橙為店家自製品。充分運用了柳橙的天然鮮味。

將古典甜點的蛋糕系列化
創造出存在感

洋溢著本鄉純一郎主廚各種感性作品的『Pâtisserie La Girafe』。店內宛如法國電影般的空間，當中陳列著美麗精緻的切片蛋糕、餐後小甜點、巧克力等，在沙龍內還能夠享用冰淇淋。本鄉主廚也將料理的要素融入甜點內，是糕點師傳們從東西各地前來造訪的店。

「我的蛋糕結構，是思考了『古典風雅』和『現代時尚』的比例後，才進行食材分配。」本鄉主廚如此說。古典甜點，就像是重現作曲家樂譜的經典音樂般的作品。另一方面，流行時尚，也就是現代甜點，是自己作曲的音樂，比較容易發揮原始創意。著重現代甜點的本鄉主廚，秉持著「在『古典』中摻入『現代』」的意念，也將重點擺在古典甜點上。

在商品選擇中，將蛋糕定位在「古典風雅」類型的，目前共有6種。讓多種類系列化，能使顧客容易意識到這個系列的存在。本鄉主廚說：「我經常想著要做出品嚐後能感覺到和其他甜點有微妙差異的甜點。」搭配內容雖然是以卡特卡蛋糕（Quatre-Quarts）為基本，但稍微調整油脂、砂糖、粉類、雞蛋的比例，就能改變風味和口感，創造出「不是白飯，而像是炊煮後的米飯般」等各自擁有的不同特色。

「巧克力蛋糕」是在苦巧克力的蛋糕麵糊內將榛果製作的杏仁膏做成結塊狀混入，然後加入牛奶巧克力芯片和糖煮柳橙。

至於焦糖口味的蛋糕體，在「水果蛋糕」中使用的是可搭配蘭姆酒漬果乾的重苦味黑焦糖；在「焦糖杏桃蛋糕」中則採用可展現杏桃新鮮感的鹽奶油焦糖。此外，在橄欖中加入迷迭香或八角等材料，再用柳橙香氣統合整體的「普羅旺斯蛋糕」，是最貼近曾在法式餐廳任職、克己追求工作專業而成為糕點師的本鄉主廚風格的品項。

古典風格的蛋糕是使用法國傳統的磅蛋糕模具製作。外型出現變化，也就不能算是「蛋糕」了。

但相反的，也可以想成是改變外型讓古典甜點展現出時尚摩登感。蛋糕系列中唯一一個做成上下顛倒的法式傳統糕點「Pain d'épices」就是這一類。

以蛋糕的方式呈現
讓法式傳統糕點
「Pain d'épices」更親近大眾

法式傳統糕點「Pain d'épices」是自古以來以調味香料、蜂蜜、黑麥粉為特徵流傳至今的糕點，但因它具有獨特風味，不是那麼容易被眾人喜愛。然而，「它也可以是料理的亮點或用作調味的甜點。輕輕地互相敬酒後，只要搭配鵝肝醬的小吐司，就能成為一道開胃菜，也很適合搭配貴腐酒（Nobel Wine）」，在本鄉主廚心中，也有這種希望食客能更盡情享用的想法。

於是決定要以這樣親民的伴手禮或小蛋糕的形式供應顧客。不過，也特別採用展現清晰線條的摩登外型與原本的蛋糕區別。

「Pain d'épices」的食譜眾多，但本鄉主廚特別著重於強調風味，因此在調味料方面選用肉桂、豆蔻、丁香、八角、生薑，蜂蜜則使用法國產味道與香氣皆濃郁的多種花蜜。黑麥使用全麥麵粉，在厚實穩重中做出麻糬黏稠般的口感，再用玉米澱粉製造輕盈感，用高筋麵粉製造維持氣泡的麩質膜，做成具重量感卻不崩塌的蛋糕體。並將作為蛋糕要素的糖煮柳橙混入其中。奶油使用融解奶油，只需要用打蛋器混合材料即可。

只要蛋糕體麵糊的水分和油分順利乳化結合，就能在不摻入空氣的狀態下自然膨脹。在各種嘗試下，發現這個製法的麵糊能呈現出最好的結合狀態。

最後修飾也做成更符合蛋糕的形式。蛋糕原本就是烤好後直接擱置著，不另外注入糖漿，但會選用不妨礙蛋糕體味道的鏡面淋醬以防止乾燥和氧化。雖然不加以裝飾也無妨，但也可以擺放部分材料作為想像內容物的素材點綴在表面。

將「Pain d'épices」以蛋糕呈現的優點，是在這個傳統糕點上另外增加了蛋糕這個甜點所具備的印象。「以任何人都能一看便知的造型，讓人聯想到家人相聚品嚐的溫暖情景，實在是非常合適呢！」

Maison de Petit Four

店主兼主廚　**西野 之朗**

以「火山」為形象所思考創作的蛋糕。在蛋糕體麵糊的上部，擺放核桃口味的阿帕雷醬後再烘烤，藉此展現出熔岩流出般的氣氛。咖啡風味的蛋糕體麵糊和核桃十分契合，這一點也相當吸引人。

別出心裁的花樣變化

水果百匯蛋糕
→P.154

鮮橙焦糖蛋糕
→P.162

香橼細絲蛋糕
→P.163

原味海綿蛋糕
→P.165

西西里舞曲
→P.174

透明袋包裝的蛋糕會依種類繫上不同顏色的緞帶，入口處旁的大廳，有烘焙甜點和酥皮可頌等陳列在架檯上。旁邊擺放著切開後的剖面照，提供顧客想像各甜點的風味。

Packaging

贈禮用的禮盒以STAUB製的上掀式造型禮盒為主題。繫上緞帶，將陳列的蛋糕放進這個禮盒，只要再蓋上盒蓋，即可完成精美合宜包裝。採用橘色系的色調，華麗形象也十分吸引目光。

火山蛋糕

蛋糕體

放入和低筋麵粉相同份量的米粉，輕觸舌頭不會有過於濃厚的油膩感，反而表現出清爽的餘味。蛋糕體麵糊很沉重，但質地卻相當細緻又帶有潤澤感，這一點也是它的一大特徵。完成時加入熱水溶解的咖啡粉，增添芳醇香氣。

內餡材料

將蛋糕體麵糊倒入至模具1/3高度，然後均勻分布裹上焦糖的核桃阿帕雷醬。每個模具加入約50g，除了能在品嚐時有濃郁感和甘甜味以外，在口感強調上也很有效果。

模具尺寸

長14.5cm×寬7cm×高6.5cm

外層裝飾

蛋糕體烘烤過程中，在蛋糕體膨脹起來時（約35分鐘），將核桃的阿帕雷醬放在蛋糕體上部。這時，不要沾到模具的邊緣處就能在烘烤完成後從模具中輕鬆取出。再次烘烤約25分鐘，打造出熔岩流出的氣氛。

將核桃比擬為熔岩
用蛋糕展現力道強勁的「火山」氣勢

火山蛋糕

1條 1566日圓（含稅）
供應期間　整年

材料和作法

火山蛋糕

長14.5cm×寬7cm×高6.5cm的磅蛋糕模具
2條的量

蛋糕體

無鹽奶油（明治）……160g
精製細砂糖……128g
全蛋……126g
A ┌ 低筋麵粉……68g
│ 米粉……68g
└ 發粉……2.6g
咖啡粉（雀巢咖啡）……10g

1. 將膏狀的奶油、精製細砂糖放進攪拌盆，用打蛋器攪拌並避免摻入過多空氣。
2. 將恢復至常溫的雞蛋打散再分2～3次加進**1**裡，用打蛋器混合攪拌。
3. 將使用熱水5g（份量外）融解的咖啡粉加進**2**裡，用打蛋器混合。加入過篩混合備用的A並大略攪拌一下。

烘焙＆裝飾

核桃的阿帕雷醬（蛋糕體用）＊……100g
核桃的阿帕雷醬（表面用）＊……100g

1. 將奶油（份量外）塗抹在模具內，鋪上烤盤紙。
2. 將核桃的阿帕雷醬分成幾等份備用。用於蛋糕體的每個模具約50g、用於表面的每個模具約20g，以此為標準分成幾個等份備用，用手做出比模具長邊的尺寸少約3cm的短棒狀。
3. 倒入蛋糕體麵糊至模具1/3高度，將**2**用於蛋糕體的核桃阿帕雷醬擺在模具的縱向中央位置。倒入剩下的蛋糕體麵糊，用手輕敲模具排出空氣。
4. 使用上火和下火都設定為170～180℃的烤箱烘烤約35分鐘，待蛋糕體麵糊膨脹後，先暫時從烤箱中取出，將**2**用於表面的核桃阿帕雷醬擺在模具的縱向中央位置。再次以相同溫度的烤箱烘烤約25分鐘。然後從模具中取出蛋糕放在烤網上，讓剛出爐的熱度散去。

＊核桃的阿帕雷醬（Appaleil）
〈約8條的量〉

核桃……200g
A ┌ 牛奶（中澤乳業）……100g
│ 35％鮮奶油（中澤乳業）……100g
│ 精製細砂糖……100g
│ 蜂蜜……50g
│ 鹽……3g
└ 葡萄糖……100g
無鹽奶油……25g

1. 核桃大略切開。
2. 將A放進鍋裡開火煮，燉煮至107℃左右。
3. 依序將無鹽奶油、核桃加進**2**內混合。
4. 倒進方盤內弄平整，讓剛煮好的熱度散去。

使用「米粉」呈現清爽輕柔的麵糊

這款「火山蛋糕」的誕生，起因是店主兼主廚的西野之朗先生前往印尼峇里島旅行時得到的靈感。峇里島秀麗的群山，還有以印尼知名的高級咖啡「麝香貓咖啡（從麝香貓吃下的咖啡果實採取的咖啡豆）」為基本，發展成一款蛋糕。

「Volcan」在法語中是「火山」的意思，將蛋糕上方的核桃阿帕雷醬（Appaleil）流出的樣子比擬成噴火的火山，蛋糕體是咖啡口味，與核桃搭配出絕佳的餘味。

蛋糕體麵糊的特色在於調配「米粉」這一點。藉由加入與低筋麵粉等量的米粉，產生清爽不膩的餘味，具有產生輕柔味覺的效果。另外，麵糊沉重卻質地細緻，藉由米粉的效果呈現溼潤感，這點也是這種麵糊的特色。

攪拌方式的重點，第一是「別過度打發」。「砂糖加進奶油當中攪拌時，最重要的一點是注意別摻入太多空氣。若是這時混入太多空氣，烤好的麵糊會過度膨脹，使口感變得又硬又乾。」西野主廚說。適度攪拌的標準是讓砂糖融入奶油。換句話說，整體攪拌均勻便結束，不用確實打發到變白為止。

「火山蛋糕」的材料這次選用核桃阿帕雷醬。直接放入核桃的蛋糕很普遍，加入阿帕雷醬的種類則很少見。使用材料為與牛奶等量的38％鮮奶油、精製細砂糖、還有一半份量的蜂蜜。這些一起倒入鍋內熬煮，增添濃度。完成時添加奶油，變成如焦糖般濃稠的阿帕雷醬。

並非單單是核桃，製成阿帕雷醬再加入能使蛋糕整體味道變得濃郁，餘味也驚為天人。上面也咕嚕淋上核桃阿帕雷醬再烘烤，使口感出現變化，而烤好時的熱氣會使阿帕雷醬融化，完成的樣子宛如「熔岩」流出般。「火山蛋糕」可謂將主題「火山＝男性的力量」藉由視覺、味覺與觸覺傳達出來。

蛋糕的醍醐味在於可以保存

西野主廚所構思的蛋糕，是法國歸類為傳統點心的蛋糕。蛋糕與時代同步流行，有各種滋味、形狀、外型的商品上市。「能確實保存，甜度也扎實，才是真正的蛋糕。」西野主廚說。「仔細咀嚼便有滋味的沉甸甸蛋糕體才算是蛋糕；口感柔軟但保存期限短的則不算蛋糕……。」他同時也這麼說。

「『美味』能充分保存，又能長久享用這一點，正是烘焙點心的醍醐味。」

無添加物的情況下，保存「美味」有其限度，『Maison de Petit Four』店內採用的形式，是在烤好又充分冷卻後，放進裝有除氧劑的透明袋子裡。標準保存期限為常溫下3個星期。

讓蛋糕展現豐富變化的基礎，在於確立「美味的基礎蛋糕體」。西野主廚的基礎蛋糕體是「原味海綿蛋糕（Ordinaire）」（P.166），特色是溼潤感與清爽的滑溜感。

以這種蛋糕體的調和與作法為基礎，摻入攪拌的配料（糊狀物）後，撒上材料進行改良。利口酒的選法，基本上選擇與蛋糕體使用的材料同類的香氣。選用同類能讓蛋糕的特色（香味與味道等）更上一層樓。

贈禮用的盒子以STAUB製的上掀式造型禮盒為主題。接近紅色的橘色非常鮮豔，是頗受歡迎的華麗禮盒。蓋上盒蓋便完成的簡單包裝，深具個性的圖案更突顯該店的特色。

GÂTEAU DES BOIS

店主兼主廚糕點師　**林 雅彥**

「野草莓蛋糕」可以說是水果蛋糕的「法式水果軟糖版」。是符合時代的材料和技術的研究，造就出職人技巧的水果蛋糕。

別出心裁的花樣變化

水果蛋糕
→P.155

無花果巧克力蛋糕
→P.158

焦糖覆盆子蛋糕
→P.161

黑樱桃蛋糕
→P.171

鮮橙百香果蛋糕
→P.171

Packaging

蛋糕用密封器密封，放入專用盒內繫上蝴蝶結，再依盒子大小，裝進橘色的手提紙袋內。蝴蝶結會依蛋糕種類而選用不同顏色。

帶餡甜點則陳列在其他冷藏展示櫃內。旁邊會擺放詳細記載材料的卡片。這卡片十分受顧客青睞，在銷售方面亦頗具貢獻。

野草莓蛋糕

蛋糕體

基底是粉類稍多的卡特卡蛋糕（Quatre-Quarts）。一半的粉使用高筋麵粉，做成不輸給法式水果軟糖的蛋糕主體。依照糖油拌合法的步驟製作，避免摻入不必要的空氣，做出潤澤且厚實的感覺。

內餡材料

將草莓凝固成果凍狀的水果軟糖切成5mm的塊狀。由於使用了海藻糖，因此在烘烤後不會融解，可以維持住形狀。

模具尺寸

長17.5cm×寬6.5cm×高6cm

外層裝飾

砂糖的結晶利用略粗的透明糖衣故意做出凹凸不平整的表面，再像描繪曲線般，排列切成2cm塊狀的水果軟糖。

將水果變換成草莓果凍
是傳統古典蛋糕的進化型

野草莓蛋糕

1條 2300日圓（未稅）
供應期間　整年

材料和作法

野草莓蛋糕

長17.5cm×寬6.5cm×高6cm的磅蛋糕模具
11條的量

蛋糕體

發酵奶油（明治）················720g
精製細砂糖························650g
海藻糖··································75g
全蛋····································650g
蜂蜜····································100g
低筋麵粉····························400g
高筋麵粉····························400g
發粉······································10g
法式水果軟糖＊1·················900g
櫻桃酒····································50g

1. 混合精製細砂糖和海藻糖備用，連同恢復至室溫的奶油一起放進攪拌機內，用電動攪拌器混合。以大略攪拌的感覺，當精製細砂糖融解就停止。千萬不要過度攪拌。
2. 在蛋液中放入蜂蜜打散，分4～5次邊加進**1**內邊攪拌。
3. 混合低筋麵粉、高筋麵粉、發粉並過篩，加進**2**裡，攪拌到看不見粉末顆粒為止。這時，將少量的高筋麵粉分成幾份備用。
4. 將分開備用的高筋麵粉撒在切成5mm塊狀的水果軟糖上，放進**3**的攪拌機內均勻混合。撒上高筋麵粉，能防止水果軟糖在蛋糕體麵糊中互相黏在一處。
5. 將櫻桃酒加進**4**內攪拌混合。

＊1　法式水果軟糖
〈長36cm×寬32cm×高1cm的模具約2.5份的量／4300g〉
野草莓（冷凍野草莓 ）·········800g
草莓（冷凍）····················1780g
海藻糖·····························1575g
精製細砂糖·························597g
轉化糖······························348g
糖水（海樂糖（HALLODEX））
·······································810g
果膠······································66g
檸檬酸水溶液
［ 檸檬酸·····························20g
　 水·································20ml

1. 首先混合野草莓、草莓、海藻糖1475g、精製細砂糖、轉化糖、糖水，放進鍋內煮至沸騰。
2. 將海藻糖100g混合到果膠內（預先混合好海藻糖會比較容易融解），放進**1**內，再繼續加熱，燉煮到Brix※74％為止。
3. 檸檬酸和水混合，製作檸檬酸水溶液，加進**2**內混合。
4. 模具內鋪上烘焙墊，倒入**3**，放在室溫下凝固。

烘焙＆裝飾

野草莓利口酒························55g
覆盆子果醬························330g
透明糖衣＊2···············下述的全量
法式水果軟糖（參照左列）·····440g

1. 將膏狀的無鹽奶油（份量外）塗抹在模具內，撒上高筋麵粉（份量外），倒出多餘的粉末，再倒入蛋糕體麵糊。
2. 使用上火設定為200℃、下火設定為190℃的烤箱烘烤約30分鐘，再將下火降溫至180℃繼續烘烤約15分鐘。
3. 從烤箱中取出，趁熱滴入野草莓利口酒，蓋上壓克力罩以免水分飛散（在下部預留縫隙）。
4. 剛出爐的熱度散去後，在最底層抹上覆盆子果醬，冷卻後再塗抹透明糖衣，在尚未乾掉的狀態下擺上切成2cm塊狀的水果軟糖。

＊2　透明糖衣
野草莓（冷凍野草莓）··········219g
糖粉······································21g
海藻糖································277g
糖水（海樂糖（HALLODEX））
···27g

1. 混合全部的材料煮至沸騰，燉煮至Brix 72％再從火上移開，降溫至70℃左右後，攪拌一下讓空氣摻入。
2. 稍微結晶化後進行糖漬冰凍。如果結晶化過度，可利用微波爐提高溫度再融解，就能再重新糖漬冰凍。

※譯註：Brix即白利糖度（Degrees Brix，符號° Bx），是測量糖度的單位。

不融化的水果軟糖 讓麵糊色彩鮮豔

『GÂTEAU DES BOIS』的意思是BOIS（樹林）的點心。日本人首次在「世界盃甜點大賽」獲得優勝的林雅彥主廚繼承父母的店面已有25年。帶餡甜點（俗稱「生菓子」）、巧克力、糖果等所有類型之中，蛋糕是用來送禮時數一數二的人氣商品。開始製作蛋糕大約是在15～16年前。

在法國，蛋糕是以甜點（entre-mets）為主流，由許多人切開一整塊蛋糕分食。日本則是以迷你蛋糕為主，但是在結婚典禮等場合，卻有著大家分食大蛋糕以求「吉利」的習俗。

「當我在思考要如何在送禮時傳達這種飲食文化，便想到了蛋糕。」林主廚說。烘焙點心可以保存，卻欠缺華麗感。多一道工夫稍加裝飾，添加適合當成禮物的色彩與奢華感。之後，配合時代與季節重新檢視調配方式持續製作。

將「野草莓蛋糕」想成是水果蛋糕的「水果軟糖版」便容易理解。用野草莓（野莓、森野莓）和草莓製作水果軟糖（果膠凍），加到麵糊中烘焙。重點在於使用林主廚長年持續研究的海藻糖。海藻糖是天然糖質，代替砂糖時除了可抑制甜味，還有種種用途。添加海藻糖的果凍在烘烤後也不會融化，果凍也不會滲出麵糊外。還能防止褪色，使完成品保有鮮豔色彩。

蛋糕體麵糊中使用的高筋麵粉，占所有粉類一半的份量。因為低筋麵粉的麩質無法完全支撐沉重的水果軟糖，造成水果軟糖向下沉。其他蛋糕也是，基本上都是卡特卡蛋糕的配方，但依照加入的材料與想要的口感更改麵粉，然後將雞蛋與糖分的調配也稍作微調。「希望客人享受蛋糕體的變化。」正如林主廚所說，試吃比較後，蛋糕體的豐富口感確實令人驚豔。

有厚實潤澤、質地厚實卻入口即散、鬆軟且四散口中的蛋糕體等。這款「野草莓蛋糕」的蛋糕體厚實又有份量，入口則是溼潤的口感。蛋糕體中也有使用的海藻糖具有保水的特性，這種保溼力呈現出溼潤的口感。

不怕油水分離 做出想像中的蛋糕體

要做出這種口感的蛋糕體，作法上的重點是別摻入太多空氣。奶油的溫度調整到室溫，讓砂糖容易融解，砂糖完全融解後，別繼續打發。仔細打發混入空氣在下次加雞蛋時容易乳化，可減少失敗。可是氣泡粗糙會變成蓬鬆的口感，如此便不是期望做出的厚實蛋糕體。

「卡特卡蛋糕的比例是奶油保有水分超過容許範圍的比例，基本上即使油水分離也沒辦法。」如果不想要油水分離就只得打發，麻煩的還並非是油水分離，而是放置分離的狀態不管。「油水完全分離後便無法修復。所以，在期間加入少許麵粉連結即可。

加入麵粉攪拌會形成麩質出現彈性，因此加入麵粉後別過度攪拌。接著倒入剩下的蛋液，最後再加一些麵粉即可。」有些人害怕油水分離會減少水分（蛋液），可是這麼一來麵糊會變得乾硬。「研究作法後，就能達到想像中的境界。」

最後淋上透明糖衣，放上水果軟糖。透明糖衣利用海藻糖容易結晶的性質，稍微混入空氣結晶後，變成具有沙沙口感的外層。

「看到我做的蛋糕，法國人或許會說：『這不是傳統蛋糕。』可是正因有原本的卡特卡蛋糕才能如此進化。這正是做點心的有趣之處。」

Pâtisserie Yu Sasage

店主兼主廚　**捧 雄介**

Parfums就是香水。是以香氣為主題的捧主廚的招牌。在含有紅茶茶葉的蛋糕體中添加覆盆子果醬，表面則裹上玫瑰糖漿和透明糖衣，讓香氣轉移。

別出心裁的花樣變化

水果蛋糕
→P.155

燒巧克力香蕉蛋糕
→P.160

卡特卡蛋糕
→P.165

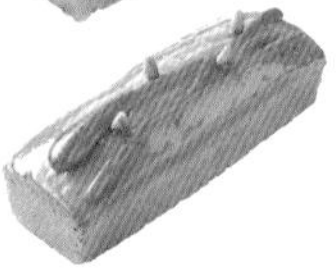

開心果蛋糕
→P.174

Packaging

透明包裝盒能清楚看見蛋糕，呈現出華麗感。再將透明包裝後的蛋糕放進店家顏色的法式傳統色「湖水綠（Vert D'eau）」的紙盒（180日圓，含稅）內，並繫上蝴蝶結。也有可容納包裝3種烘焙甜點的尺寸，在庫存管理方面具有極高的便利性。

為了吸引顧客目光而陳列在展示櫃內的上層。上部容易乾燥的蛋糕會像「水果蛋糕」那樣在上面蓋上玻璃紙，以維持鮮美。

香水蛋糕

蛋糕體

雞蛋和奶油混合時，邊攪拌邊維持乳化狀態佳的22～25℃，展現滑順口感的蛋糕體。烘烤後，在每個模具滴入約15g的玫瑰糖漿，讓玫瑰的芳醇香氣飄散在其間，且糖漿的水分使蛋糕體充滿潤澤感。

內餡材料

將柑橘類香氣為特徵的特級格雷伯爵茶混合到蛋糕體麵糊內。連同紅茶香氣，茶葉的口感成為一大亮點。麵糊的中心位置有放入帶有酸甜風味的覆盆子果醬。

模具尺寸

長17cm×寬5cm×高6cm

外層裝飾

整個表面以氣質高雅的粉紅色覆盆子糖衣均勻包覆，外觀也呈現出華麗的印象。透明糖衣是在覆盆子果泥中加入玫瑰利口酒製成，在品嚐的同時，玫瑰的芬芳香氣會在口中擴散。

玫瑰、莓果、紅茶……
以3種移轉的「香氣」魅惑

香水蛋糕

1條 1680日圓（含稅）
供應期間　整年

材料和作法

香水蛋糕

長17cm×寬5cm×高6cm的磅蛋糕模具
20條的量

蛋糕體

全蛋……595g
無鹽奶油（四葉乳業）……498g
糖粉……498g
A ┌ 低筋麵粉……394g
│ 杏仁粉……889g
└ 發粉……9.7g
特級格雷伯爵茶……21g

1. 雞蛋放回至常溫備用，打散後開火煮（或隔水加熱），加熱至30℃。
2. 將膏狀的奶油、過篩的糖粉放進攪拌盆內，以低速攪拌。
3. 將**1**分5～6次加進**2**內，以低速攪拌。
4. 加入過篩混合好的A，以低速混合攪拌。
5. 在尚有粉末殘留的狀態下加入特級格雷伯爵茶，以低速混合攪拌至均勻為止。從攪拌機上取下，用橡皮刮刀從底部攪動般輕輕混合，使茶葉能均勻分布在各處。

烘焙＆裝飾

覆盆子果醬
（冷卻備用）＊1……600g
玫瑰糖漿＊2……300g
覆盆子透明糖衣＊3……適量

1. 混合奶油90g、高筋麵粉10g（各份量外），在模具內適量地薄薄塗抹一層，然後撒上高筋麵粉（份量外），再倒出多餘的粉末。
2. 將蛋糕體麵糊放進裝有圓形花嘴（1cm）的擠花袋內，每個模具擠入150g。在中央處將覆盆子果醬擠成棒狀（30g）。然後每個模具再擠入90g的麵糊，用手輕敲模具底部，讓倒入的麵糊呈平坦狀態。
3. 使用上火和下火都設定為165℃的烤箱烘烤約45分鐘（在烘烤約30分鐘時，將烤盤的前後方向對調）。從模具中取出放在烤網上，讓剛出爐的熱度散去。
4. 將玫瑰糖漿注入到**3**的上面和側面，每個模具注入15g。
5. 用微波爐（500w）加熱覆盆子透明糖衣至38℃～40℃，然後塗抹在上面和側面。放進180℃的對流烤箱內2～3分鐘，烘乾覆盆子透明糖衣。

＊覆盆子果醬
精製細砂糖……125g
果膠……6g
冷凍覆盆子……275g
糖水……10ml

1. 將精製細砂糖約25g和果膠6g混合備用。
2. 將冷凍覆盆子和l剩下的精製細砂糖、糖水放進鍋內開火煮沸。加入**1**，用大火燉煮至糖度62°為止。

＊2　玫瑰糖漿
水……100ml
精製細砂糖……135g
玫瑰利口酒（Gilbert Miclo公司）
……150ml

1. 製作波美比重計30°糖漿。將水、精製細砂糖放進鍋內開火煮沸。
2. 在**1**的波美比重計30°糖漿150g份量內，加入玫瑰利口酒混合。

＊3　覆盆子透明糖衣
冷凍覆盆子果泥（10%加糖）…25g
玫瑰利口酒（Gilbert Miclo公司）
……25g
粉糖……150g

1. 將冷凍覆盆子果泥、玫瑰利口酒放進攪拌盆內混合，再加入糖粉混合。

以玫瑰香氣為主軸
展現「香味的重疊」滋味

這次介紹的「香水蛋糕」主題是「香氣」。材料可選擇玫瑰、覆盆子、紅茶共3種，可享受味道與「香味的重疊」。靈感基礎在於帶餡甜點（生菓子）「Parfum」，這是捧雄介主廚的拿手項目之一。以杏仁奶油餅加上格雷伯爵茶茶葉的果子塔為基礎，放上覆盆子的果凍與奶油，最後在上面擠上玫瑰風味的蛋白霜，完成彷彿玫瑰花開般高貴氣氛的迷你蛋糕。

「剛灑上香水的香味，和隔了一段時間的香味會有些不同呢！我心想這種『香味』的變化是否也能表現在西式甜點上，便開始構思。」捧主廚說。

之後，在增加蛋糕變化性之時，將帶餡甜點「Parfum」重新構思的成品，就是「香水蛋糕」。以糖水取代蛋白霜改變蛋糕的風格，這款蛋糕一整年都有供應。

「香水蛋糕」的魅力與蛋糕相同，利用適合搭配的玫瑰、覆盆子、紅茶等3種材料的組合，每一口都有不同的「香味變化」。蛋糕體麵糊摻入格雷伯爵茶茶葉，並在中間倒入覆盆子果醬。表面灑上用玫瑰利口酒增添香氣的糖漿，最後塗上玫瑰風味的覆盆子糖水，營造出色彩鮮豔的典雅氣氛。

捧主廚所追求的「香味變化」，並非指材料各自單一的香味變化，而是各種香味重疊所產生的變化相互融合的改變。香氣的主軸是「玫瑰」。每一口每個階段（部分）都飄散典雅的「玫瑰」香氣，設計成能嚐到愉悅的感覺。

糖水的效果起初是強烈的玫瑰香味，多吃幾口後，首先是品味到覆盆子的果醬，覆盆子的風味與玫瑰香氣融合成華麗的香味。最後與紅茶麵糊的香氣重疊，留下溫和怡人的玫瑰香味餘韻。

玫瑰香氣的濃淡除了糖水以外，玫瑰糖漿浸透到麵糊的份量多寡，也會對香氣產生影響，因此也需要材料細膩的調配，及想像味道的美感。

冷藏保存
產生「自創」蛋糕

捧主廚所追求的蛋糕，並非傳統的厚重蛋糕，而是麵糊溼潤柔軟，入口滑順的蛋糕。「我製作的蛋糕以冷藏方式提供。保存期限只有短短1星期，是因為水分（雞蛋、糖漿等）較多。

水分較多能呈現出潤澤的感覺，且入口即化。」不僅如此，藉由刺激視覺、味覺、嗅覺等五感讓客人覺得「好吃」，這樣的哲學正如這次的「香水蛋糕」，藉由強調香味（嗅覺）可讓客人嚐到驚喜與感動，顯現出捧主廚強烈的信念。

關於蛋糕的發展變化，他認為「基礎麵糊」最重要。捧主廚認為「卡特卡蛋糕（Quatre-Quarts）」是麵糊的基本。

「我製作的『卡特卡蛋糕』麵糊質地細緻，入口輕柔滑順正是一大特色。以麵糊為基本改變調配量，在作法上做些變化等，嘗試各種方法增加自己擅長的品項。」另外，蛋糕的保存方式並非常溫，藉由冷藏可增加商品種類。因為與常溫類不同，不用在意保存方面，可以多添加一些糖漿或控制甜度等等。

捧主廚選擇將蛋糕陳列在排列帶餡甜點的展示櫃最上層。在確實吸引客人目光的同時，也是個讓人在心裡記住『Pâtisserie Yu Sasage』店內的「冷藏類蛋糕」極有特色的方法。

chez Shibata

店主兼主廚糕點師　**柴田 武**

柴田武主廚擅長製作不同於卡特卡蛋糕（Quatre-Quarts）這種基本款的「自我風格蛋糕」。他將春季到初夏的「野草莓」做成果凍，藏放在蛋糕體麵糊內一起烘焙，表現草莓的水嫩感。

別出心裁的花樣變化

創意柳橙椰子
焦糖蛋糕
→P.162

創意春天蛋糕
→P.164

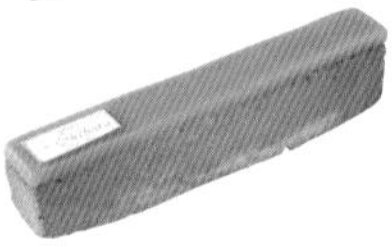

創意芒果樂園蛋糕
→P.172

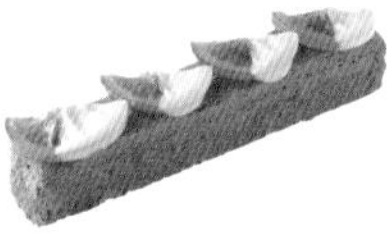

創意抹茶鮮橙蛋糕
→P.175

Packaging

採用與帶餡蛋糕的外盒相同規格的包裝。以高雅的顏色給人靜謐典雅的感覺，無論是平常使用或是送禮都非常合適。

在步入店內最先望見的場所擺設餐後甜點。傳遞一種「這些甜點非常適合在辦活動時使用」的氣氛。

創意草莓蛋糕

蛋糕體

以原味蛋糕麵糊Pate cake為基底加入杏仁粉和杏仁膏，做出潤澤且厚實的蛋糕體。奶油的一半採用有鹽奶油，再加入香草油和香草醬，做出濃厚風味。

內餡材料

將草莓和覆盆子的果凍埋在蛋糕體麵糊內一起烘焙。由於使用了耐熱優異的膠凝劑「結蘭膠（gellan gum）」，因此在烘焙後依然能維持果凍狀。

模具尺寸

長23cm×寬3.5cm×高6.5cm

外層裝飾

以浮現出覆盆子紅點的白巧克包裹住整個外層，再將紅色色素染紅的白巧克力按壓出圓形，取幾個擺放在上面。

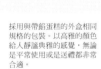

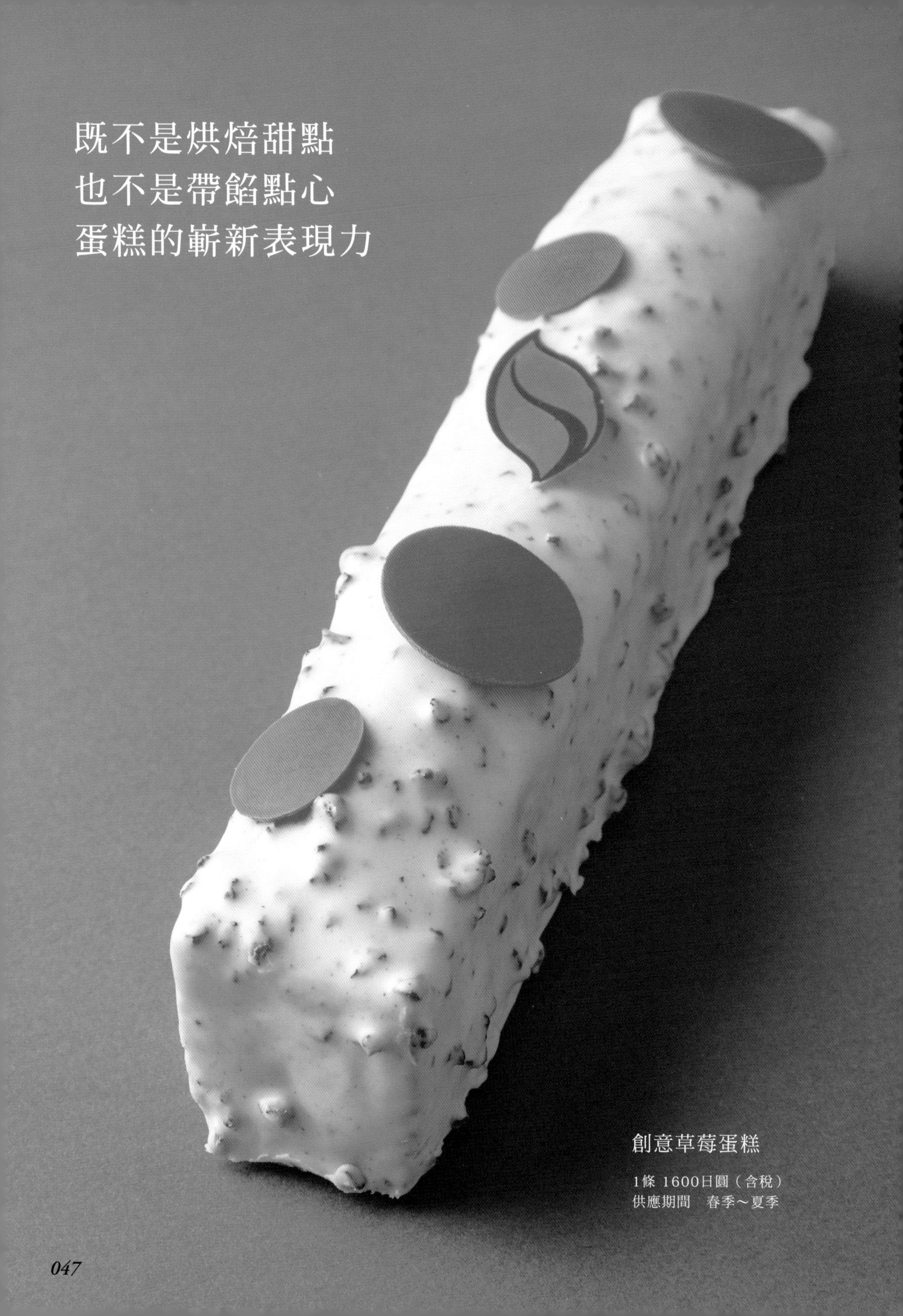

既不是烘焙甜點
也不是帶餡點心
蛋糕的嶄新表現力

創意草莓蛋糕

1條 1600日圓（含稅）
供應期間　春季～夏季

材料和作法

創意草莓蛋糕

長23cm×寬3.5cm×高6.5cm的磅蛋糕模具
10條的量

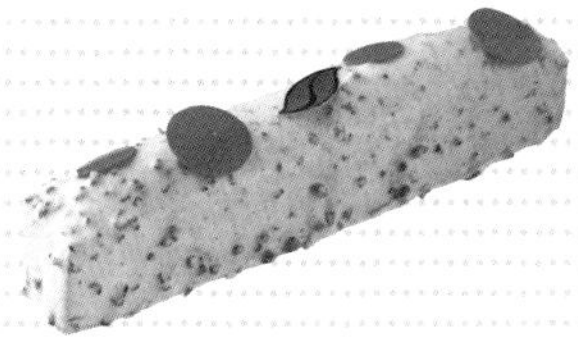

蛋糕體

◉蛋糕體麵糊
發酵奶油……260g
有鹽奶油……260g
精製細砂糖……400g
轉化糖……20g
杏仁膏（Lubecker公司「Rohmarzipan」）……220g
全蛋……380g
低筋麵粉……460g
杏仁粉（西班牙產的馬爾科納（Marcona）品種）……110g
發粉……6g
香草油……2g
香草膏……5g

1. 發酵奶油和有鹽奶油混合成柔軟膏狀，和精製細砂糖、轉化糖、杏仁膏一同放進攪拌盆內，用設定為中高速的打蛋器攪拌。
2. 待空氣摻入、顏色變白，充分混合後，將全蛋分幾次加進去，再攪拌混合。
3. 將低筋麵粉、杏仁粉、發粉混合過篩，加進**2**的攪拌機內充分攪拌。
4. 加入香草油、香草膏混合。

◉果凍
〈55crn×36cm的小蛋糕模具1板的量〉
草莓果泥（Boiron公司）……515g
覆盆子果泥（RAVIFRUIT公司）……110g
水……262ml
檸檬汁……18ml
精製細砂糖……105g
結蘭膠（SOSA公司）……10g

1. 將精製細砂糖和結蘭膠混合備用。
2. 將草莓果泥、覆盆子果泥、水、檸檬汁混合後開火，加入**1**，用Bamix手持攪拌器邊攪拌邊煮沸。
3. 倒入小蛋糕模具內，放進冷凍庫冷卻凝固，切成寬1.5cm×長23cm的大小。

烘焙＆裝飾

櫻桃酒……90ml
修飾用巧克力＊1……適量
裝飾用巧克力＊2……適量

1. 在模具內塗抹奶油（份量外）再撒上高筋麵粉（份量外），然後倒出多餘的粉末。
2. 將蛋糕體麵糊倒入至模具一半的高度，放上果凍，再次倒入蛋糕體麵糊。
3. 將**2**放進烤箱，使用上火和下火都設定為210℃的烤箱烘烤約10分鐘，再以180℃烘烤10分鐘，然後降溫至150℃再烘烤約4分鐘。
4. 待剛出爐的熱度散去後便塗抹櫻桃酒，冷卻後，像包裹住整體般淋上修飾用巧克力，再擺放裝飾用巧克力裝飾。

＊1　修飾用巧克力
白巧克力……500g
可可脂……20g
冷凍乾燥的覆盆子（弄碎的）……13g

混合白巧克力和可可脂進行熱處理，再加入覆盆子混合。

＊2　裝飾用巧克力
白巧克力……適量
紅色色素……適量

在白巧克力中混入少量色素進行熱處理，擀成薄片狀，按壓出圓形。

介於烘焙點心與帶餡甜點之間 以全新種類為目標

以確實的技術和出色的企劃能力提高品牌魅力的『chez Shibata』，在上海與香港等海外地區也有開店，並獲得極高人氣。柴田武主廚發揮創作力的來源基礎，就是自我風格。以法式點心為基調，再加上自己精神的味道與其他店家明顯區隔。

他的態度在面對蛋糕時依然不變。「在我心中的認知，蛋糕的基本就是卡特卡蛋糕。」因此烘焙點心架上都是提供以一般蛋糕模具烘焙的「卡特卡蛋糕（Quatre-Quarts）」，但也製作其他蛋糕。系列商品名稱為「創意蛋糕（Cake À Ma Facon）」。意思是自創的蛋糕。1年3次，連同新商品一起更換主題。

除了切片蛋糕使用較細的模具使客人能夠更容易入口以外，柴主廚更是大膽地打破蛋糕就該怎樣的既定框架。

這款「創意蛋糕（Cake À Ma Facon）」擺在一踏進店內就會看到的冷藏展示櫃中。和甜點一起陳列，帶餡甜點則在此一延長線上。烘焙點心的架子在別處，「目標成為介於烘焙點心與帶餡甜點之間的新種類」的蛋糕，在展示時也漂亮地呈現。夏天在溼潤的麵糊裡加果凍烘焙做些變化，冰涼時也十分可口。「希望客人在常溫下品嚐，因此在販賣時會傳達這個意思。不過，冷卻後也不會走味，一樣非常好吃。」、「尤其夏天不想吃帶餡甜點時，不用勉強應付暑熱，提供這種點心，能讓客人更開心。」柴田主廚說。

藉著優質材料的作用 讓想像化為形體

「創意草莓蛋糕（Cake À Ma Facon Fraise）」以加了生杏仁膏的杏仁麵糊為基本。杏仁不只用麵粉，同時使用生杏仁膏，完成時更加有溼潤感。

首先將奶油與糖類混合，這時也加入生杏仁膏確實打發。另外，一半的奶油使用有鹽奶油，讓滋味更濃郁。接著混合雞蛋與粉類，最後加上香草。加入香草油與香草糊兩者，增添穩定的香味。

如此製作的麵糊裡，再加入草莓果凍一起烘焙。果凍由「結蘭膠（gellan gum）」這種膠化劑製作而成。「結蘭膠」耐熱性高，高溫烘焙也不會融化，除了形狀不變外，它還能保持如寒天般的口感，並且可以冷凍。蛋糕加入果凍烘焙的點子，由於有「結蘭膠」才化為可能。由於必須讓結蘭膠吸收充足水分，加熱時要確實攪拌。不妨使用電動攪拌器。烘烤完成後，加入覆盆子的白巧克力當作外層，令人聯想到草莓顆粒。「點心的形狀並非只是單純的造型，而是如同欣賞時尚般的表現。」

「草莓」以外的蛋糕也大多以杏仁麵糊為基本。蛋糕成果能多接近半熟蛋糕，取決於麵糊的溼潤與沉重觸感，而生杏仁膏在此時非常有幫助。因此使用生杏仁膏品質受到肯定的Lubeca公司的產品。

製作點心的一般作法，大多是一開始先有個形象，接著再讓形象化為形體。不只杏仁麵糊，如果製法中的關鍵之一是材料，則必須選擇優質的材料。

「今後將二分為超商蛋糕所代表的大眾簡便點心，和追求美味的法式蛋糕。所以用敷衍的心情製作的點心不會有人想吃。」在這種想法下所製作的蛋糕，有著奢華的內容與時髦的外觀，可以讓送禮收禮的人都十分開心。

就算在家裡吃，也希望這種點心能讓客人興高采烈。大家一起分食享用——這就是『chez Shibata』蛋糕最大的條件。

PÂTISSERIE Acacier

店主兼主廚糕點師　**興野 燈**

在蛋糕體麵糊中放入用柳橙汁和砂糖煮軟切開的半乾燥無花果，也放入了些許磨碎的柳橙皮，因此酸味和香氣非常豐富。巧克力的苦味、無花果的觸感和甘甜味彼此調和。

別出心裁的花樣變化

水果蛋糕
→P.155

大理石咖啡蛋糕
→P.164

大理石巧克力蛋糕
→P.164

布列塔尼卡特卡蛋糕
→P.165

香橼蛋糕
→P.167

Packaging

每條蛋糕都裝在透明塑膠盒內，讓蛋糕的設計與造型一目了然。也提供能個別放入透明盒的紙盒（200日圓，含稅）。

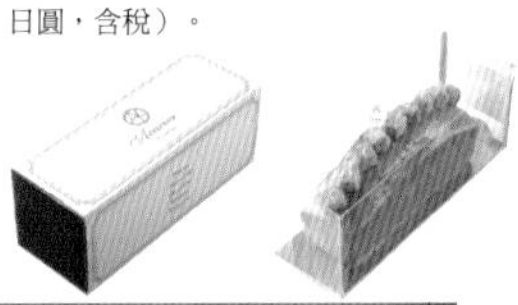

店內右手邊的架檯上陳列著蛋糕、烘焙甜點、送禮用的樣本。切片販售的蛋糕裝在白色盒子內，以前後交錯、有節奏感的方式展示。

香橙無花果巧克力蛋糕

蛋糕體

為了加強風味，精製細砂糖的一半以紅砂糖代替。使用以可可粉和強勁苦味為特徵的VALRHONA法芙娜公司的EXTRA AMER，徹底突顯出巧克力的風味。烘焙後，在泡軟了GARNI半乾燥無花果的柳橙浸漬液內注入混有柑曼怡香橙干邑香甜酒（Grand Marnier）的糖漿。

內餡材料

用柳橙汁和砂糖煮軟半乾燥的無花果。完成時，再用柑曼怡香橙干邑香甜酒（Grand Marnier）提升香氣。

模具尺寸

長18cm×寬5.5cm×高5cm

外層裝飾

淋上巧克力鏡面淋醬，再裝飾糖煮柳橙和半乾燥的無花果，之後塗抹鏡面果膠。

除了柳橙的酸味和香氣外
也能充分享受無花果的口感

香橙無花果巧克力蛋糕

1條 1650日圓（含稅）／
1切片 280日圓（含稅）
供應期間　整年

材料和作法

香橙無花果巧克力蛋糕

長18cm×寬5.5cm×高5cm的磅蛋糕模具
12條的量

蛋糕體

全蛋……600g
A 精製細砂糖……300g
紅砂糖……300g
磨碎的橙皮……14g
無鹽奶油（四葉乳業）……600g
B 低筋麵粉（日清製粉「ECRITURE」）……480g
發粉……20g
可可粉（VALRHONA法芙娜公司）……120g
67%巧克力（VALRHONA法芙娜公司「EXTRA AMER」）……180g
糖漬香橙無花果＊……840g

1. 將A加入到打散的全蛋內，用打蛋器拌勻。溫度調整到24℃～25℃左右。
2. 將**1**分4～5次加入到變柔軟的無鹽奶油（23℃～24℃）內，同時用橡皮刮刀避免摻入空氣地仔細混合。每次都確實乳化後再加入下1次的量。
3. 加入過篩混合好的B，用橡皮刮刀攪拌到看不見粉末顆粒為止。
4. 加入同樣切成約1cm塊狀的巧克力和糖漬香橙無花果，不要弄碎，用橡皮刮刀混合均勻。

＊糖漬香橙無花果
〈準備量〉
無花果（半乾燥的）……1kg
A 柳橙汁……800ml
精製細砂糖……283g
海藻糖……117g
柑曼怡香橙干邑香甜酒（Grand Marnier）……35g

1. 半乾燥的無花果用叉子穿刺正面和背面，各在3處戳出小孔。
2. 將A放進鍋內煮沸，加入**1**再次煮沸後關火，加入柑曼怡香橙干邑香甜酒放涼。剛出爐的熱度散去後，放進冰箱浸漬最少3天以上。

烘焙＆裝飾

無鹽奶油……適量
糖漿
糖漬香橙無花果（參照左列）的浸漬液……600ml
柑曼怡香橙干邑香甜酒（Grand Marnier）……160ml
巧克力鏡面淋醬……適量
（以下為準備量）
56%巧克力（VALRHONA法芙娜公司「CARAQUE」）……400g
巧克力豆……500g
太白胡麻油……153ml
裝飾用水果
無花果（半乾燥的）……12個
糖煮柳橙（切成薄片）……12個
鏡面果膠（加熱加水類型）……適量

1. 在模具內放入預先裁切好的鋪紙，讓鋪紙緊貼模具的四個邊角。倒入蛋糕體麵糊，讓中心呈現略凹的錐形，將變軟的無鹽奶油用圓錐形擠花袋在中心處擠出1條。使用上火和下火都設定為165℃的烤箱烘烤約45～50分鐘。
2. 配合**1**的烘焙時間，煮沸糖漬香橙無花果的浸漬液和柑曼怡香橙干邑香甜酒，製作糖漿。
3. **1**烘烤結束後，將模具底部在烤盤上輕輕敲幾下，從模具中取出。剝除鋪紙，立刻將**2**的糖漿注入至整體。待剛出爐的熱度散去後，用保鮮膜緊密包裹住，在冰箱內靜置一晚。
4. 混合融解的巧克力和巧克力豆，加入太白胡麻油，製作巧克力鏡面淋醬。
5. 將巧克力鏡面淋醬淋在**3**上，在巧克力鏡面淋醬凝固之前，每條蛋糕上擺放對切成半的半乾燥無花果2個、糖煮柳橙1個作為裝飾，然後在水果部分塗抹鏡面果膠。

從柳橙與無花果的全新組合中創造

自2007年8月開幕以來，在內心角落「想要做出可口的巧克力蛋糕」的興野燈主廚，總算藉由「香橙無花果巧克力蛋糕」實現理想的形式。

香橙巧克力蛋糕、無花果巧克力蛋糕皆經常製作，但柳橙與無花果同時使用的巧克力蛋糕並不常見，於是他構思使用這兩者。

然而，單純將柳橙與無花果加入麵糊的方法並不有趣。興野主廚為了做出獨創特色，只有『Acacier』才有的巧克力蛋糕，他將半乾燥的無花果以柳橙汁煮過軟化，製成柳橙口味的無花果。

燉煮的柳橙汁內加了精製細砂糖，為了讓糖漿充分滲透，一部分改成海藻糖。然後在沸騰後關火，之後加入柑曼怡香橙干邑香甜酒（Grand Marnier）增添香氣，冷卻後放進冰箱至少3天以上使之入味。糖漬水果無花果柳橙切成1cm的丁狀摻入麵糊中，所以整個蛋糕都是無花果，可以品嚐到獨特的顆粒感與柳橙的酸味。

另外，烤好後要立刻在糖漬無花果柳橙的浸漬液中，淋上加了柑曼怡香橙干邑香甜酒的糖漿，充分添加柳橙的清爽香氣。

除了一塊裝飾的糖煮柳橙外，沒見到其他柳橙果實或果皮，卻能充分感受到柳橙水嫩多汁的存在感，巧妙地結合無花果的甜味與巧克力的苦味。

追求法式蛋糕才能做到的高尚滋味與表現

興野主廚在2002年遠渡法國，在巴黎的『STOHRER』、『Fabien Ledoux』磨練技藝。在當地最令他感到訝異的一件事情，是超市裡稀鬆平常地販賣著蛋糕與瑪德蓮蛋糕（Madeleine），而且尺寸都很大。烘焙點心是法式點心的原點，可嚐到小麥原本的美味與奶油的香味，這種點心正因簡單才深奧，並與生活密切結合。

然而，在法國的法式蛋糕店，當然也是提供味道更高尚、裝飾更漂亮的蛋糕。

「本店考量到移動的便利性與保存問題，決定採用類似帶餡甜點的裝飾。」興野主廚說。在日本，買來送禮的需求更勝於自己享用，因此假設送禮的需求，把蛋糕做成時尚又令人期待的造型，並放入可清楚看見整體外觀的透明塑膠盒中。

『Acacier』店內的點心份量較大，常被評價為堪比法國口味。那是因為主廚認為「份量」也是表現點心的重點之一，而法式點心出色的一點就是「尺寸大」。製作大型點心時，為避免食用時吃膩，會以不同口感強調酸味、苦味與香氣等，並努力讓整體味道取得平衡。

蛋糕也一樣，若尺寸太小，表面與裡面的麵糊將會失衡，失去蛋糕應有的樣子。目前使用的長18cm×寬5.5cm×高5cm的模具是最小尺寸，這個尺寸的麵糊不會變乾，表面與裡面的麵糊能順利地呈現一體感。

另外也重視完成的形狀，中心凹陷左右對稱膨脹成山的形狀是蛋糕的理想形狀。

因此，麵糊倒入模具後要讓中心凹陷，往兩邊推平為傾斜狀，中心柔軟的無鹽奶油擠成一條線。烤好後中心膨脹成凹陷的山地形狀，便是標準的蛋糕模樣。

檸檬風味的香橼蛋糕摻入巧克力碎片增添苦味與口感；布列塔尼卡特卡蛋糕加入蓋朗德的鹽添加鹹味與美味，構思食譜時會特別考慮讓味道與口感取得平衡。

pâtisserie gramme

店主兼主廚糕點師　三橋 和也

三橋和也主廚即使在小廚房，依然能穩定製作甜點，充實蛋糕品項。運用在主要材料上搭配其他素材創造複雜口感的手法，利用焦糖和核桃使身為主角的咖啡展現更豐富的風味。

別出心裁的花樣變化

水果蛋糕
→P.155

香橙巧克力蛋糕
→P.159

萊姆風味
香櫞週末蛋糕
→P.168

香草蛋糕
→P.173

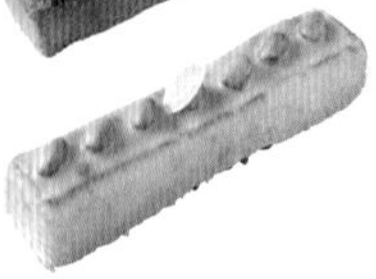

杏仁蛋糕
→P.173

Packaging

送禮用的盒子提供單條包裝至三條包裝等3種尺寸，且各有2色（200日圓～，含稅）。也提供符合蛋糕寬度的瓶裝果醬和個別包裝的烘焙甜點一起裝盒的包裝。自家使用的則裝入蛋糕盒規格的白色紙盒（免費）。

冷藏展示櫃的上層僅陳列蛋糕。目前整年度販售的有7種，全部需要冷藏，賞味期限為一星期。

焦糖咖啡蛋糕

蛋糕體

利用糖油拌合法製作，讓蛋糕體麵糊內含有均勻的咖啡和焦糖。咖啡選用未萃取的研磨粉末，再利用與咖啡契合的焦糖帶出深度，然後加入少許的鹽，收斂焦糖的甜味。不使用發粉，運用溫度管理和乳化使蛋糕體膨脹。

內餡材料

選擇同時適合咖啡和焦糖的素材——核桃。烘烤法國格勒諾布爾（Grenoble）產的核桃，再用手扳開成口感佳且大小合宜的尺寸，擺放在蛋糕體上方，讓表面毫無間隙再進行烘烤。

模具尺寸

長22cm×寬5cm×高5cm

外層裝飾

在長邊的單側撒上糖粉。因為可從表面看見核桃，因此不再另外裝飾，但是會用糖粉的白色襯托出咖啡蛋糕體的顏色。

用鹽打造輪廓的焦糖
能襯托出咖啡的風味

焦糖咖啡蛋糕

1條 1350日圓（含稅）
供應期間　整年

材料和作法

焦糖咖啡蛋糕

長22cm×寬5cm×高5cm的磅蛋糕模具
24條的量

蛋糕體

發酵奶油（明治）…………1150.5g
精製細砂糖……………………1050g
咖啡豆（※）……………………30g
鹽（蓋朗德（Guérande）產）
……………………………………4.5g
全蛋……………………………800g
濃焦糖
- 精製細砂糖…………………420g
- 35%鮮奶油………………466.5g

低筋麵粉……………………1000.5g

※咖啡豆
向「紅果實咖啡（赤い実コーヒー）」（大阪）特別訂購的「gramme獨創綜合咖啡（Original Blend）」。

1. 將咖啡豆研磨至濾紙滴漏法用的細緻度備用。
2. 製作濃焦糖。將精製細砂糖放進銅鍋內加熱，轉變為濃焦糖色後倒入加熱的鮮奶油混合，從火上移開，讓鍋底接觸冰水冷卻（約5℃～10℃左右）。
3. 將冰箱裡剛取出的全蛋（約5℃～10℃左右）用打蛋器打散，加入**2**混合。使用前先放在冰箱備用。
4. 將奶油從冰箱取出稍微放在常溫下，然後將精製細砂糖、鹽、**1**加進奶油內，用攪拌機混合。不需要摻入空氣，稍微攪拌即可。為了將攪拌機旋轉造成的摩擦熱控制在最小限度，因此必須留意以免攪拌機過度旋轉。蛋糕體麵糊的溫度必須低於22℃，且必須注意整個混合過程到最後要維持在20℃～22℃。
5. 將**3**加進**4**裡使其乳化。稍微加入一些攪拌，待乳化後再加入下一次，掌握此要領仔細混合。如果在這個步驟沒有徹底乳化，完成品的狀態將會變差，必須一邊進行一邊確認狀態。
6. 加入已過篩的低筋麵粉，混合狀態達九成後，從攪拌機上移開，用攪拌片從底部劃過般繼續混合均勻至沒有結塊為止。

烘焙＆裝飾

核桃（格勒諾布爾（Grenoble）產）（※）……………………………適量
糖粉（POUDER DÉCOR POUR）
……………………………………適量

※核桃
烘烤後放涼，用手扳開成合宜的尺寸備用。

1. 將膏狀的無鹽奶油（份量外）和高筋麵粉（份量外）以4：1的比例混合，再用刷毛塗抹在模具內，然後放進冰箱冷卻備用。
2. 將蛋糕體麵糊裝進擠花袋（不裝花嘴）內，每個模具擠入190g。
3. 用核桃塞滿整個表面。
4. 使用上火和下火都設定為160℃的烤箱烘烤約30分鐘
5. 從烤箱中取出後立刻從模具裡取出，放進2℃的急速冷凍機內快速冷卻（比起自然冷卻更能防止乾燥）。
6. 冷卻後，在長邊單側的邊緣撒上糖粉。

除了理解蛋糕 更刻意選擇「需冷藏」的類型

『pâtisserie gramme』是名古屋Marriott Associa Hotel出身、數度榮獲大獎的三橋和也主廚所開的店。堪稱法式蛋糕店門面的冷藏展示櫃中，下層擺放迷你切片蛋糕，上層則只陳列蛋糕。

小廚房也能穩定提供的蛋糕，與迷你切片蛋糕一同從開店當時成為主力商品不斷充實。送禮用的紙盒則以蛋糕為主，烘焙點心與果醬瓶子也是一起混裝，正好是一個蛋糕的寬度能容納的尺寸。

相對於經典商品較多的迷你切片蛋糕，整條蛋糕則更著重裝飾，呈現時尚印象。「從客人的立場思考，讓客人光用眼睛看就能判斷是哪種味道，希望當成伴手禮時也夠體面，因此稍作點綴。外型設計具有時尚感，或許是因為蛋糕是細長型的緣故。」他說點心的外觀與內容都會影響到形狀，所以烘焙模具非常重要。

纖細的外型是在名古屋的飯店工作時，從認識的寺井則彥先生（『AIGRE DOUCE』的店主兼主廚）的蛋糕得知的。

客人經常當成茶點的小巧外型，從表面到中心距離一致均勻烤透，由於短時間就能烤好，可用的食材範圍因而增加不少，容易設計味道組合等，使他對蛋糕感受到前所未有的可能性。

三橋主廚考量到名古屋的地域性，特別訂購比寺井主廚的蛋糕模具更大一點的纖細蛋糕模具來製作。

那麼，為何刻意讓蛋糕需要冷藏呢？「因為可以增加變化。比方說『香草蛋糕』正因為冷藏才能淋上焦糖。」他又說：「現在保存期限設定為一個禮拜，若是更短則可以加上奶油。」另外，陳列在冷藏櫃的好處是「店家的推薦商品一目了然，也能傳達新鮮感。可保存的點心鮮度也很重要。」他如此表示。

在『pâtisserie gramme』，每1種蛋糕都做3個上架，要是賣出就立刻追加，總是提供新鮮的商品。「需冷藏的蛋糕當成一種類別。因為瞭解蛋糕這種糕點才刻意自成一格。基礎配方是以卡特卡蛋糕出發，從當中構思出全新的蛋糕。」

主角搭配食材 加深多變的滋味

三橋主廚非常喜愛咖啡，他甚至請大阪的『紅果實咖啡（赤い実コーヒー）』特別製作自己喜愛的「gramme獨創綜合咖啡（Original Blend）」。

當客人在『pâtisserie gramme』店內食用時，對於每份點餐，主廚都會以手沖方式供應咖啡。他希望「焦糖咖啡蛋糕」能與咖啡一同品嚐，使蛋糕更加美味。

可是「表現出自己想像的咖啡風味是很困難的事。」他如此回顧道。想像「剛沖泡的美味咖啡」也是，在萃取液中稀釋可以感覺到氧化的味道。經過不斷嘗試的結果，決定研磨咖啡豆摻入麵糊中。

咖啡粉的口感，在蛋糕體麵糊裡也不會令人在意。而且讓咖啡好喝的甜味來自焦糖，再加鹽使輪廓更清晰。不把強調口感的核桃摻進麵糊內，而是滿滿地塞在表面再烘烤，只留下麵糊的部分添加變化。

「主要食材只有一種，感覺味道會太過直接。再搭配一、兩種食材讓味道有變化，這也能成為店裡的獨創性。」在製法上麵糊的溫度維持在20～22℃，重點是確實乳化。尤其若是超過22℃，味道與口感都會變差，需特別注意。

由於不含配料，只要好好遵守乳化原則，即可不用發粉也能自然膨脹，使口感入口即化。

蛋糕目前有7種。此外，還有情人節、白色情人節限定的蛋糕。今後因應四季的商品還會陸續增加。「在蛋糕對客人來說變成熟悉的點心之前，我會持續製作下去。」他展現出貫徹目前的風格，持續追求美味蛋糕的態度。

PATISSERIE
LES TEMPS PLUS

店主兼糕點師　**熊谷 治久**

熊谷主廚著迷法國的傳統甜點。不僅是華麗的帶餡甜點，他也對質樸的烘焙甜點注入心力。蛋糕也十分講究正統風格，完成厚重且潤澤的口感。

別出心裁的花樣變化

果肉內餡
安格斯蛋糕
→P.155

巧克力蛋糕
→P.160

紅茶飄香蛋糕
→P.163

香橼週末蛋糕
→P.167

Packaging

帶餡甜點的展示櫃旁有烘焙甜點專用的區塊。設置在入口正面，展現烘焙甜點的魅力。

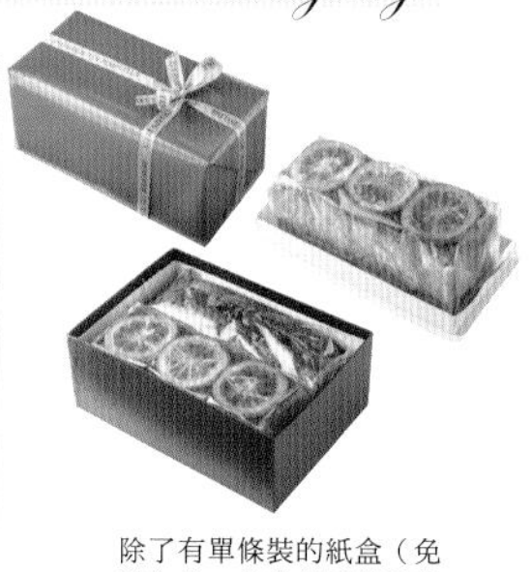

除了有單條裝的紙盒（免費）外，也提供兩條裝的紙盒（200日圓，未稅）。該店是配合包裝材料再製作蛋糕的模具，因此也能因應蛋糕1條搭配手工小餅乾或果醬等客製化的盒裝需求。

香橙蛋糕

蛋糕體

放入大量的奶油和雞蛋，是濃郁奢華又厚重的蛋糕體。利用糖水保持潤澤的口感。烘烤過程中，讓使用了干邑甜酒的香橙利口酒本身充分滲入，奢華的香氣也非常有魅力。

內餡材料

混入切成細絲的糖煮柳橙。糖煮柳橙內蘊含的水分也使蛋糕體水嫩滋潤。

模具尺寸

長17cm×寬7cm×高6.5cm

外層裝飾

將切成薄片的糖煮柳橙3片在烘烤期間擺在上層一起烘烤。讓糖煮柳橙的香氣融入蛋糕體內彼此調和，存放時間也會比較持久。

香橙干邑白蘭地的奢華香氣
調和出濃厚的蛋糕滋味

香橙蛋糕

大型1條 1944日圓、
小型1條 1296日圓（各含稅）
1切片 324日圓（含稅）
供應期間　整年

材料和作法

香橙蛋糕

長17cm×寬7cm×高6.5cm的磅蛋糕模具
10條的量

蛋糕體

無鹽奶油（高梨乳業）…………908g
精製細砂糖…………………………255g
糖水…………………………………182ml
全蛋…………………………………1000g
杏仁糖粉（※）…………………363g
A ┌ 低筋麵粉……………………680g
　└ 發粉…………………………18g
糖煮柳橙（切成細絲）………1815g
糖煮柳橙（切成薄片）…………30片

※西班牙產馬爾科納（Marcona）品種的杏仁和精製細砂糖以1：1的比例混合，用食物調理機 Robot Coupe 研磨後，又啟動滾筒壓碎的產品。

1. 將在室溫中變柔軟的奶油和精製細砂糖用攪拌機攪拌，用電動攪拌器攪拌摻入空氣。
2. 將全蛋分4～5次加進來。放入第2次用攪拌機攪拌時，加入隔水加熱變柔軟的糖水混合。
3. 緊接著將杏仁糖粉一度加進 2 內，用攪拌機讓分離的蛋糕體麵糊緩慢地黏著結合。
4. 加入第3次的全蛋混合，繼續攪拌，再加入已過篩的A的1/3量，將攪拌機調至高速，攪拌至麵粉出現麩質。
5. 將剩下的全蛋和A交替地加入，以讓各個材料相黏、乳化的感覺進行混合。
6. 蛋糕體麵糊出現光澤後即停止攪拌機。加入糖煮柳橙（切成細絲），用手均勻攪拌，讓水果分散四處。
7. 在攪拌盆上包覆保鮮膜，在冰箱內靜置一晚。

烘焙＆裝飾

阿爾薩斯 香橙干邑白蘭地Orange Cognac Concentrees 50°……150g

1. 將烘焙紙鋪在模具上，從冰箱取出蛋糕體麵糊，立刻在每個模具內倒入500g。用蛋糕抹刀將表面抹平，讓蛋糕體麵糊能充分流動到模具的四個邊角位置。
2. 使用上火和下火都設定為170℃的烤箱烘烤約1小時。烘烤過程中，當上面已出現微焦色時，擺上切成薄片的糖煮柳橙3片，再繼續烘烤。
3. 烘烤後立刻從模具中取出蛋糕，不用剝除烘焙紙，直接用刷毛在上面塗抹香橙干邑白蘭地，每條蛋糕塗抹15ml，讓香甜酒滲透蛋糕體。

奶油與許多雞蛋調配 乳化呈現光澤

熊谷治久主廚曾經在國內外眾多法式蛋糕店裡研習技藝，之後開了『PATISSERIE LES TEMPS PLUS』。約120種商品的豐富陣容，是以法式傳統點心為主。「希望大家瞭解我在研習時期所學的傳統點心的美味。」於是烘焙點心也以法國的鄉村點心為主，另加上為數眾多的正統風格點心。

『LES TEMPS PLUS』店內平時準備的蛋糕有5種。使用水果的「果肉內餡安格斯蛋糕」與「香橙蛋糕」、紅茶風味的「紅茶飄香蛋糕」等3種，皆是以4種食材（相同比例的奶油、砂糖、雞蛋、麵粉）的調配為基調，利用糖油拌合法製作而成。「香櫞週末蛋糕」與「巧克力蛋糕」則是改良油脂與製法的應用版蛋糕。同樣是以4種食材為基調，在材料與製法上稍作變化，目的是讓客人嚐到各種美味。

另外，細長時尚的蛋糕正逐漸增加，『LES TEMPS PLUS』追求正統的形式，每條蛋糕皆使用500g的麵糊，製作厚實有份量的蛋糕。同樣麵糊也準備了小型尺寸（寬7㎝×長11㎝×高6.5㎝），供客人因應用途挑選。

在蛋糕體麵糊中摻入糖煮柳橙一起烘烤的「香橙蛋糕」，是以4種食材為基礎並使用多一點的奶油和雞蛋，屬於用料奢華的一款蛋糕。加了麥芽糖與柳橙漬可以保水，使口感更滋潤，另外，烤好時讓香橙干邑白蘭地（Orange Cognac Concentrees 50°）充分滲入，便成了香氣迷人的蛋糕。

製法以糖油拌合法為基本。在油脂狀的奶油內加入精製細砂糖再用攪拌器打發。此時必須摻入一定程度的空氣，避免最後加入的柳橙漬沉入底部。

接著加入整顆雞蛋，這種麵糊的奶油份量特別多，由於容易油水分離，必須分成4～5次逐漸加入。期間加入自己店裡加工製作的杏仁糖粉，慢慢攪拌以結合分離的奶油與雞蛋。然後粉類與全蛋再分成3次輪流添加，攪拌到確實乳化。乳化的麵糊用麵粉的麩質支撐，快速攪拌直到出現光澤。如此一來，便能在烘烤完成時藉由麵粉的作用讓麵糊浮起。

最後加上糖煮柳橙，不用攪拌器而是用手攪拌，並確認乳化狀態。判斷標準是有沒有出現光澤。

然後倒進模具前的麵糊先放進冰箱一個晚上。這是為了讓奶油先冷卻凝固，使麵糊穩定。如果沒有穩定麵糊，奶油會容易鬆弛，容易造成水果在烤好時沉落底部。

裝飾在頂部的柳橙 也要烘烤浸透

「法國的蛋糕店『Gâteaux de Voyage』，以能在常溫下運送、保存為前提製作蛋糕。本店的蛋糕也遵從此一傳統風格。」熊谷主廚說。

上面裝飾的糖煮柳橙切片，在烘烤時便放上一起烤，柳橙也要烤到通透。烤好後，為了添加香味以及增加保存時間，每條蛋糕會再淋上濃縮的香橙干邑白蘭地15㎖。許多店家會拿掉鋪紙，不過『LES TEMPS PLUS』為了預防乾燥與「考量到衛生層面，盡可能不用手觸碰」等因素，決定保留鋪紙。

烘烤糖煮柳橙的切片，也有使柳橙的水分揮發融進蛋糕體內的效果。常溫下放置2天，干邑白蘭地的香味調和，正是適合享用的時機。利用這種製法，完成可保存2個星期的蛋糕。

蛋糕在夏天也能運送，成為一年到頭都暢銷的商品之一。今後預定利用頂部裝飾呈現豪華感等，逐漸增加變化類型。

LE JARDIN BLEU

店主兼主廚　福田 雅之

使用與店名同名的紅茶茶葉「藍色花園（JARDIN BLEU）」摻進蛋糕體麵糊內製成蛋糕。烘烤後注入的糖漿也使用紅茶，提升藍色花園獨具的華麗花香。

別出心裁的花樣變化

水果蛋糕
→P.155

鮮橙蛋糕
→P.169

鳳梨巧克力蛋糕
→P.172

Packaging

裝飾類蛋糕僅限週末販售。由於作為伴手禮使用的需求高，因此以透明盒包裝後再繫上蝴蝶結的方式提供。

烘烤出爐的蛋糕皆陳列在烘焙甜點區。有約5種樣式的裝飾蛋糕陳列在甜點專用的冷藏展示櫃內。

藍色花園紅茶香蛋糕

蛋糕體

以4種食材（採用相同比例的奶油、砂糖、雞蛋、麵粉）為基準做成的經典蛋糕內，混入研磨成粉末狀的花香紅茶茶葉。混合材料並攪拌出泡沫，做出綿密濃厚的蛋糕體。將紅茶的糖漿做成酒糖液提升香氣。

內餡材料

以「夏茶（又稱二水茶或二番茶）」的茶葉製作紅茶糖漿，再用相同茶葉泡軟無花果和核桃。為能均勻放入，須與倒入模具的蛋糕體麵糊交互排列放入。

模具尺寸

長16cm×寬6.5cm×高6cm

外層裝飾

塗抹鏡面果膠，再裝飾內餡材料中使用紅茶浸漬過的半乾燥無花果和核桃，以及乾燥的香草豆。

在經典蛋糕中
添加花香飄散的紅茶香

藍色花園紅茶香蛋糕

1條 1500日圓（未稅）／1切片 200日圓（未稅）
供應期間　整年

材料和作法

藍色花園紅茶香蛋糕

長16cm×寬6.5cm×高6cm的磅蛋糕模具
18條的量

蛋糕體

發酵奶油（明治）……………900g
精製細砂糖……………………700g
轉化糖…………………………200g
杏仁粉…………………………180g
紅茶茶葉（Dammann Frères公司「藍色花園（JARDIN BLEU）」）
……………………………………35g
香草液…………………………3ml
低筋麵粉………………………990g
發粉……………………………24g
全蛋……………………………900g

1. 將已恢復至手指可放入般柔軟的發酵奶油、精製細砂糖、轉化糖等放進攪拌盆，用低速的電動攪拌器揉捏般混合。
2. 將杏仁粉、用咖啡豆研磨機研磨成粉末狀的茶葉、香草液加進**1**內，繼續用低速混合並避免打出泡沫。
3. 低筋麵粉和發粉混合後過篩備用。
4. 打散恢復至常溫的全蛋，分成約5次，和**3**交互地加進**2**裡，同時以低速混合。盡量不打出泡沫般混合。
5. 材料全部放入後，直接以低速攪拌，充分乳化出現光澤後即停止攪拌機。

烘焙&裝飾

以紅茶糖漿浸漬的無花果＊1
……………………………36～45個
核桃（切對半）………144～180個
紅茶糖漿＊2…………………400ml
鏡面果膠………………………適量
裝飾（1條的量）
- 以紅茶糖漿浸漬的無花果……1個
- 核桃（切對半）………………3個
- 香草豆（乾燥的）……………1根

1. 將蛋糕體麵糊裝進擠花袋（不裝花嘴）內，每個裝好鋪紙的模具擠入200～250g。
2. 將核桃和用紅茶糖漿浸漬且切成1/4的無花果（兩者皆為每條蛋糕8～10個）用手指稍微下壓般交互地排列放入模具中心。
3. 使用上火和下火都設定為200℃的烤箱烘烤約55～60分鐘
4. 烘烤出爐後立即從模具中取出，剝除鋪紙，用刷毛將紅茶糖漿大量地塗抹在上面和側面。
5. 每條皆用保鮮膜包裹住，在冰箱內靜置一晚。
6. 將當日要販售的量恢復至常溫，用刷毛輕輕在上面塗抹鏡面果膠。裝飾用紅茶糖漿浸漬且切成對半的無花果和核桃，塗抹鏡面果膠，再裝飾香草豆。

＊1　以紅茶糖漿浸漬的無花果
無花果（半乾燥的）…………400g
紅茶茶葉（Dammann Frères公司「藍色花園（JARDIN BLEU）」）的夏茶（二水茶）…………………50g
水………………………………600ml

1. 在鍋內放入無花果，以及製作「紅茶糖漿」時剩餘的茶葉和水，用小火煮2～3分鐘軟化無花果。
2. 用濾網將**1**裡的茶葉撈出，讓無花果持續浸漬在**1**的汁液中放涼。

＊2　紅茶糖漿
糖漿基底
- 精製細砂糖…………………250g
- 水……………………………500ml
- 檸檬皮（用刨刀削皮）
  …………………………1/2個的量
- 香草豆………………………1/4根

紅茶茶葉（Dammann Frères公司「藍色花園（JARDIN BLEU）」）
……………………………………40g

1. 將糖漿基底的材料放進鍋裡開火，煮沸騰後關火。
2. 將**1**當中的400g移放到容器內，放入茶葉蓋上蓋子蒸3分鐘。
3. 過濾**2**取出茶葉後直接放涼即可。

紅茶優雅的香味
加進麵糊與糖漿中

『LE JARDIN BLEU』除了大家熟悉的帶餡甜點外，也提供豐富的烘焙點心。福田主廚對於蛋糕的想法是：「既是盒裝的禮物，也是裝飾華麗的甜點，這兩種描述方式都行。對於店家與客人來說，這是用途廣泛的點心。」

福田主廚靈活運用這項優點，不只是供可保存的盒裝蛋糕，也特別準備了5種週末限定且裝飾華麗的甜點蛋糕。形狀也不再侷限於普通的蛋糕模具，也採用瑪格麗特蛋糕模等圓形模具烘焙多種蛋糕，客人大多是買來慶祝生日使用。

「和帶餡甜點等餐後點心一樣，很多客人要求附加留言卡片。尤其夏天不用擔心會像鮮奶油融化，所以賣得很好。」福田主廚說。

『LE JARDIN BLEU』店內的經典蛋糕之一「藍色花園紅茶香蛋糕」是紅茶風味的蛋糕。使用和店名同名的紅茶「JARDIN BLEU」茶葉加進蛋糕體麵糊中，味道相當誘人。

「JARDIN BLEU」是法國的DAMMANN FRÈRES公司所販售的紅茶，是錫蘭茶與中國茶的綜合茶葉，再加上向日葵與矢車菊的花瓣和野草莓等。花的香味洋溢著優雅氣氛，是福田主廚非常喜愛的紅茶。

將這種茶葉用磨粉機磨細後加到麵糊內。盡量磨成接近粉末狀，避免食用時茶葉留在口中。

另外，麵糊只摻入茶葉加熱後香氣會減弱，所以烤好後澆上的糖漿也要萃取較濃的「JARDIN BLEU」茶葉以補足香氣。

麵糊以4種食材（相同比例的奶油、砂糖、雞蛋、麵粉）為基準考量。奶油使用香濃的發酵奶油，砂糖除了精製細砂糖以外，也加入保水性高的轉化糖呈現溼潤感。另外也加入杏仁粉，添加濃郁的杏仁風味。

雞蛋與粉類分5次輪流加入，
讓整體滑順、入口即化

福田主廚的目標是，扎實沉重、中心有裂紋的法式傳統蛋糕。

製作上最必須留意的一點是「盡可能不要打發」，做出光澤滑順乳化的麵糊。遵照傳統的作法，奶油與砂糖以低速攪拌器混合攪拌。打發會含有多餘的空氣，烤好時就不會出現蛋糕的裂紋。

杏仁粉也低速攪拌盡量別打發，加入茶葉與香草液之後，再輪流添加全蛋與粉類。為防止分離，全蛋必須先恢復至常溫再打散。

一開始加入少許蛋液用低速攪拌器攪拌，但是這樣雞蛋不會融入麵糊中，所以加點粉類連結。照著這個方式將雞蛋與麵粉分別輪流放入5次，做成黏稠的麵糊。

「最後麵糊要是太柔軟會跑進太多空氣。烤好時整體會浮起，變成像海綿蛋糕那樣。有時會因季節因素而容易打發，必須一邊調整雞蛋的溫度與奶油的硬度，一邊做出確實乳化的麵糊。」福田主廚說。

考量到食材與紅茶的契合度，使用做紅茶糖漿的夏茶（由當年採收的第二批茶葉製成，又稱二水茶或二番茶），軟化半乾燥的無花果再加上核桃。

食材盡量均勻加入，不是混進麵糊裡，而是把麵糊倒進模具後再均勻放入食材，使食材稍微下沉，然後烘烤約60分鐘。最後塗上滿滿的紅茶糖漿。為避免干擾紅茶香，糖漿含有的材料完全不添加酒類也是福田主廚的講究之處。

pâtisserie mont plus

店主兼主廚糕點師　**林 周平**

咀嚼半乾燥的水果時能感覺到的獨特口感，在口中漫延散開的水嫩滋味。讓品嚐同樣美味的蛋糕時也能有這種好風味，經過不斷嘗試實作，才終於完成的水果蛋糕逸品。

別出心裁的花樣變化

榛果香風味蛋糕
→P.159

媽紅蛋糕
→P.172

吉涅司
→P.173

無花果內餡蛋糕
→P.162

Packaging

蛋糕紙盒使用代表『pâtisserie mont plus』形象的藍色。蛋糕表層簡約樸實的微焦色，映襯著令人眼前一亮的天空藍，絕對是精緻高雅的禮物。

陳列在靠近店門的展示櫃上。展示櫃中間擺滿了適合作為伴手禮或贈禮的各式甜點。

水果內餡蛋糕

蛋糕體

在糖油拌合法製作的原味蛋糕麵糊Pate cake中加入焦糖，做成焦糖風味的蛋糕體。利用焦糖基底、放入大量蛋黃的蛋液、使用具保水力的高筋麵粉，做出濃郁扎實的口感。水果配料浸漬在洋酒內，水果甜味全部融入浸漬液中，也將此浸漬液加入蛋糕體中。

內餡材料

將4種半乾燥的水果、糖煮柳橙、堅果等各自切成均匀的大小，浸漬在香料和櫻桃酒調和的浸漬液內的浸漬品。由於浸漬時加了精製細砂糖，因此水果的水分會因滲透壓而釋出到浸漬液中，使水果的甜味凝縮在其中。為了保留水果和堅果各自的特徵，只須浸漬1天。

模具尺寸

長14cm×寬6cm×高5.5cm

讓咀嚼水果時能感覺到的水嫩美味
全部融合在蛋糕中

水果內餡蛋糕

1條 1600日圓（未稅）
1切片 230日圓（未稅）
供應期間　整年

材料和作法

水果內餡蛋糕

長14cm×寬6cm×高5.5cm的磅蛋糕模具
18條的量

蛋糕體

無鹽奶油（四葉乳業或森永乳業）……600g
精製細砂糖……510g
蛋黃……232.5g
全蛋……262.5g
焦糖基底（完成量當中的）……165g
- 精製細砂糖……1500g
- 鮮奶油（歐姆乳業）……1000g

香草精華（CHATEL公司「Mon Réunion」）……4.5g
高筋麵粉……481.5g
發粉……4.5g
搭配用水果＊……下述全量

1. 製作焦糖基底。將精製細砂糖開火煮，呈現出焦色時加入鮮奶油，燉煮至類似蜂蜜般濃稠為止。
2. 用擀麵棍拍打冰涼的奶油使奶油變軟，將精製細砂糖分4～5次放進攪拌機，用電動攪拌器充分攪拌混合。
3. 充分攪拌後，將蛋黃和全蛋混合，分5～6次加進**2**裡，使其乳化。
4. 加入**1**的焦糖基底165g和香草精華，均勻攪拌混合。
5. 將高筋麵粉和發粉混合後過篩備用，放進**4**裡，用橡皮刮刀充分攪拌。
6. 將各浸漬液中的搭配用水果放進**5**裡混合。

＊搭配用水果
黑棗（半乾燥的※）……247g
葡萄乾（黑葡萄、半乾燥的※）……165g
無花果（半乾燥的※）……525g
糖煮柳橙……165g
糖漬櫻桃蜜餞……112g
杏仁片……165g
核桃……225g

浸漬液
- 精製細砂糖……112g
- 肉桂粉（錫蘭產）……7.5g
- 八角粉……3.5g
- 櫻桃酒……322ml

※半乾燥的水果使用Lot-Et-Garonne商會（兵庫縣西宮市）的產品。

1. 櫻桃酒內加入精製細砂糖、肉桂粉、八角粉混合，製作浸漬液。
2. 黑棗切成1cm的細絲，葡萄乾維持原樣，無花果切成1.5cm的塊狀，糖煮柳橙切成5mm的塊狀，糖漬櫻桃蜜餞分為8等分，浸漬到**1**的液體內。
3. 最後再加入烘烤的杏仁片、切成4份的核桃1顆，然後靜置一天。

烘焙＆裝飾

1. 在模具內塗抹無鹽奶油和高筋麵粉（兩者皆為份量外），將蛋糕體麵糊分成18等分倒入。
2. 使用上火和下火都設定為180℃的烤箱烘烤約50分鐘。
3. 從烤箱取出後立刻用保鮮膜包裹住放著備用。切片販售的必須靜置一晚使其穩定。

蛋糕體藉由焦糖基底 呈現深刻柔和的滋味

『pâtisserie mont plus』是神戶的法式蛋糕店的代表。聽到『mont plus』，首先眼前會浮現結婚蛋糕或生日蛋糕等特殊的蛋糕井然有序排列的漂亮展示櫃，烘焙點心與糖果的架檯也很豐富充實。

多種類的沙布列餅乾（Sablés，一種奶油酥餅）、瑪德蓮蛋糕（Madeleine）與棉花糖等皆以容易購買的形式展示，以整條販售的蛋糕共有4種，切片販售的也有數種。從水果、蜂蜜、巧克力、香料、堅果等5～6種之中，不重複地選出幾樣擺在門市內，供客人挑選。

林周平主廚是如何定義蛋糕的呢？「有的人以麵糊區別，也有人以形狀區別，觀點各有不同，我則是認為以蛋糕模具或以此為基準的模具烘烤而成的就是蛋糕。」林主廚所使用的蛋糕模具，是側面傾斜的類型。從上面到底部的斜線烤得俐落，底面朝上放置時，邊緣烤出來的顏色令人聯想到享用時的香氣。

『pâtisserie mont plus』的「水果內餡蛋糕」，特色是麵糊複雜的滋味與水果的存在感。

「店裡不只水果內餡蛋糕，在真正的意義上並沒有我所創造的原創點心。只有將自古流傳的點心，以現今材料做得美味的『在食譜上下的工夫』。」林主廚說。的確，『mont plus』的「水果內餡蛋糕」是令人感覺懷念的已知美味，卻又和常見的水果蛋糕有一番不同的滋味。那麼林主廚在食譜上下的「工夫」，究竟是什麼呢？

蛋糕體是利用糖油拌合法製作的奶油蛋糕，並非從奶油、砂糖、雞蛋、麵粉等4種食材需相等份量的規則出發。所有的份量從零思考，反覆試作在目標地點提出數字。所謂目標地點，就是儘管溼潤，質地卻不至於太緊實，而是能在口中散落的蛋糕體狀態。但只有這樣還不夠，因此還加上焦糖基底。

以燒焦的砂糖香味與苦味進行提味，變成有深度卻滋味柔和的麵糊。除了焦糖，重點是香草精。林主廚說香草精不是用來添加香氣，而是用來發揮所有材料各自的優點。因此香草必須是天然的優質商品，所以使用馬達加斯加島附近的留尼旺島所製造的純天然萃取物「Mon Réunion（香草精）」。

縮短浸漬時間 呈現水果的存在感

味道與口感也會被食材中的水果影響。以半乾水果為主，加上糖煮柳橙與糖煮櫻桃，還有杏仁與核桃。水果的搭配並非以酸味和甜味來判斷決定，而是林主廚覺得可口的，再憑感覺挑選適合的水果。糖煮柳橙能添加獨特的苦味與香氣，堅果則是在口感上添加變化。核桃不需要堅硬的口感，所以切成小塊。

份量則是以「因為用了非常好吃的半乾燥水果，想要做出咀嚼時散發出來的果乾味道能直接融入蛋糕當中的印象。」等原則進行調整。半乾燥水果並非加愈多愈好，終究還是以平衡度決定。切開後泡在櫻桃白蘭地當中，只要浸漬1天即可。

一般而言會是更長的期間，例如也有浸漬1年的，可是浸漬太久全都會變成相同的味道，因此限制在1天就好。由於浸漬時間不長，保留了各種水果的特色，可呈現水果的特性與存在感。

在用作浸漬液的櫻桃白蘭地內加了精製細砂糖，因浸透壓的緣故使水果變軟，美味一舉濃縮。同時，水果的精華滲入浸漬液裡，所以連同浸漬液一起加到麵糊內。

如此完成的蛋糕其實很簡單。打開蛋糕盒，彷彿剛烤好注入洋酒般的芳醇香味便會撲鼻而來。

Pâtisserie Etienne

店主兼主廚　**藤本 智美**

加入店家自製的乳清乾酪，做成圓潤芳醇的蛋糕。經由充分攪拌材料，做出具有獨特彈力的口感。蘭姆酒漬的黑棗和乳清乾酪的風味極為契合。

別出心裁的花樣變化

水果蛋糕
→P.155

巧克力蛋糕
→P.159

八朔柑磅蛋糕
→P.169

開心果草莓蛋糕
→P.174

Packaging

配合蛋糕風格獨具的設計而特別訂製的時尚專用盒（免費）。打開盒蓋，盒子整體即可敞開，在取出蛋糕時十分便利。

陳列在與帶餡甜點相同的冷藏展示櫃內。展示櫃中，也將每種蛋糕各一條陳列在擺放暢銷商品的上一層的位置。

黑棗乾酪蛋糕

蛋糕體

加了乳清乾酪和酸奶油的阿帕雷乾酪（Appaleil ricotta），能控制奶油的份量，做出略為輕盈的口感。大量擺放利用珍珠糖和切碎的核桃等製成的堅果碎仁再烘烤，增添爽脆嚼勁。

內餡材料

將半乾燥的黑棗浸漬在麥斯（Myers's）的黑蘭姆酒內約1星期做成的蘭姆酒漬無核黑棗。

模具尺寸

長23cm×寬4.5cm×高6.5cm

外層裝飾

撒上糖粉（POUDER DÉCOR POUR），使外觀更亮麗。

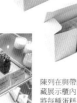

利用店家自製的乳清乾酪
做成圓潤芳醇的蛋糕

黑棗乾酪蛋糕

1條 2000日圓（含稅）
供應期間　不定期

材料和作法

黑棗乾酪蛋糕

長23cm×寬4.5cm×高6.5cm的磅蛋糕模具
3條的量

蛋糕體

◎阿帕雷乾酪（Appaleil ricotta）
發酵奶油（明治）……………107g
精製細砂糖……………………159g
A ┌ 全蛋……………………………192g
　 └ 香草萃取物…………………0.7g
B ┌ 低筋麵粉……………………240g
　 │ 發粉…………………………1g
　 └ 小蘇打………………………1.1g
酸奶油……………………………75g
乳清乾酪＊1……………………86g
蘭姆酒漬無核黑棗＊2…………107g

1. 用攪拌機攪拌比膏狀稍硬狀態的發酵奶油和精製細砂糖，用電動攪拌器充分攪拌以摻入空氣。
2. 混合A的全蛋和香草萃取物。
3. B的粉類過篩混合備用。
4. 用攪拌機的中速攪拌**1**，再分4～5次加入A。
5. 在A放入約半量時加入約1/3量的B，徹底攪拌讓麩質伸展。
6. 邊用攪拌機攪拌邊加入剩下的A，A全部放入後加入剩下的B，充分混合攪拌至蛋糕體麵糊出現光澤為止。
7. 加入酸奶油和乳清乾酪，以和蛋糕體麵糊黏結的感覺，均勻混合整體。
8. 最後，加入1顆切成約4等分的蘭姆酒漬無核黑棗，用攪拌機輕輕攪拌。

＊1　乳清乾酪
牛奶……………………………1000ml
45％鮮奶油……………………125g
酸奶油…………………………188g
鹽………………………………3.8g

1. 全部材料放進鍋內開中火熬煮，用打蛋器邊攪拌邊加熱。
2. 從鍋子邊緣冒出細小泡沫後轉為小火，用鍋鏟輕輕攪拌且慢慢加熱，但同時要避免煮至大滾。
3. 當乳酪開始結塊時便將火關掉，用廚房紙巾過濾。使用殘留在紙巾上的結塊。
4. 剛起鍋的熱度散去後，便放進冰箱內冷卻半天左右。

＊2　蘭姆酒漬無核黑棗
黑棗（半乾燥的）………………適量
黑蘭姆酒（邁爾斯Meyers 54°）
…………………………………適量

1. 半乾燥的黑棗中倒入大量的黑蘭姆酒，浸漬約1星期。

烘焙＆裝飾

堅果碎仁＊3……………下述全量
蘭姆酒的酒糖液
┌ 糖漿（Brix30％）…………100g
│ 黑蘭姆酒（邁爾斯Meyers 54°）
└ ………………………………50g
糖粉（POUDER DÉCOR POUR）
…………………………………適量

1. 將阿帕雷乾酪（Appaleil ricotta）裝進擠花袋（不裝花嘴）內，每個裝好鋪紙的模具擠入310g。
2. 將模具底部在烤盤上輕輕敲幾下使表面平坦，從上方擺放堅果碎仁，每條約60g。
3. 用設定160℃的對流烤箱烘烤約30分鐘。
4. 烘烤後立刻從模具中取出，先剝除周圍的鋪紙，將事先混合好材料的蘭姆酒酒糖液充分塗抹在側面，上面也稍微塗抹一些。
5. 再次蓋上側面的鋪紙，用保鮮膜包裹住再放進冷凍庫。
6. 取出要使用的量解凍，在上面撒上糖粉裝飾。

＊3　堅果碎仁
珍珠糖……………………………80g
融解的奶油………………………27g
低筋麵粉…………………………27g
肉桂粉……………………………2g
核桃（切碎）……………………85g

1. 將全部的材料放進攪拌盆內，用橡皮刮刀充分混合。

確實攪拌麵糊　充分混合調配

座落在神奈川新百合丘住宅區裡的『Pâtisserie Etienne』，提供廣泛客層喜愛的點心。從泡芙與水果蛋糕等深受喜愛的帶餡甜點，到藤本智美主廚在2007年世界盃甜點大賽的優勝作品，以餐後甜點為製作形象的招牌點心，準備了均衡的豐富商品。

蛋糕也是以同樣的想法出發，提供賞味期限約2星期等保存時間較久的蛋糕，以及賞味期限設定在5天，利用細長型模具製作後再加以點綴且口感類似帶餡甜點的蛋糕共2種。客人可依照用途、年齡與喜好進行挑選。

「黑棗乾酪蛋糕」是屬於後者的蛋糕，正如其名，在蛋糕體當中加了乳酪。

藤本主廚在數種乳酪之中，選擇義大利的新鮮里考塔乳酪（fresh cheese ricotta）或乳清乾酪（ricotta cheese）。包含義大利的點心，最近這種乳酪因夾在薄烤餅pancake裡品嚐而知名度升高。將這種清淡、口感滑順的乳清乾酪混入蛋糕體麵糊中。

乳清乾酪是自製品。考慮到使用低脂肪的乳清乾酪加到蛋糕體內，也會需要額外補充圓潤感，因此乳清乾酪的原料不單只有牛奶，也使用鮮奶油。

經由慢慢加熱不讓食材沸騰，再過濾凝固物，最後放進冰箱冷藏而製成。「親手調製所以非常新鮮，圓潤感也截然不同。」藤本主廚說。加上親手製作的附加價值，還能壓低成本。

蛋糕體麵糊的製法採用糖油拌合法。重點是「確實打發，充分混合」。

由於這種蛋糕加入乳清乾酪與酸奶油，奶油調得較少。因為奶油較少，在混入全蛋時容易油水分離，所以整顆雞蛋必須分成4～5次放入。

全蛋放入一半時，加入1/3的粉類，然後確實混合。以印象來說，讓麵糊確實膨脹，藉由麵粉的麩質支撐，展開紋理。「利用麵粉的麩質延展紋理，擋住雞蛋等材料的水分，以這種印象打發。」藤本主廚說。

所有的雞蛋與粉類加入後，用攪拌器確實混合到麵糊呈現光澤。此時以有點像揉捏的感覺混合，雞蛋的水分充分混入便會逐漸變成滑順的乳化狀態。

使用珍珠糖　弄碎四散以帶出口感

麵糊的基底做好後，將酸奶油和乳清乾酪混合。乳清乾酪味道清淡，為了添加乳酪的酸味，而加入酸奶油。材料整體結合後，摻入和乳酪很搭的蘭姆酒漬黑棗完成蛋糕體麵糊。具有光澤且比其他蛋糕體麵糊的水分含量更多的麵糊便完成了。

上面鋪放的碎核桃，使用了珍珠糖與核桃。珍珠糖沙沙的咬勁產生新奇的口感。

烘烤完成後為避免水分流失，要立刻塗滿蘭姆酒的酒糖液，用保鮮膜包好。如此將水分與香氣同時鎖住，放進冷凍庫保存。解凍過程中從裝飾的黑棗滲出水分，比完成時呈現出更潤澤的滋味。

這款蛋糕的特色是乳清乾酪的圓潤感，和麵糊確實用攪拌器攪拌所產生的彈力。口感扎實、奶油含量較少，可輕鬆享用無負擔。

「建議食用時放回到常溫。最好的享用時機是蛋糕體穩定後的隔天。」藤本主廚說。

除了乳清乾酪，混合奶油乳酪（cream cheese）與馬斯卡彭起司（Mascarpone）也是不錯的改編方式。馬斯卡彭起司的水分較多，需增加麵粉量和減少雞蛋，在配方上稍作調整。

Arcachon

店主兼主廚 **森本 慎**

在蛋糕體麵糊中加入索米爾橙皮甜酒（Saumur Triple Sec），強調柳橙的爽快香氣，自入口的那瞬間起，即可享受到香氣。添加在上面，側面也塗抹杏桃醬，讓整體充滿光澤，演繹出高貴優雅的氣氛。

別出心裁的花樣變化

果肉內餡安格斯蛋糕
→P.155

巧克力碎塊蛋糕
→P.160

栗子蛋糕
→P.166

香橼蛋糕
→P.167

黑棗風味蛋糕
→P.171

Packaging

採用不會被蛋糕的裝飾或果醬弄髒的寬敞透明盒。外盒透明，可展現蛋糕本身的華麗感，同時，也讓饕客容易想像蛋糕的風味。顧客選購後，會放進烘焙甜點專用的細長紙袋內才提供給顧客。

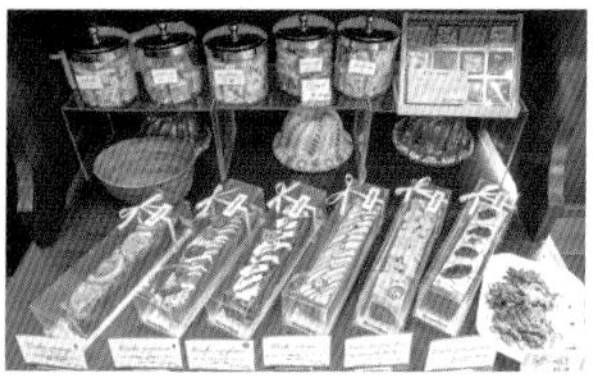

入口旁的展示櫃上每種蛋糕各擺放了1條。以繫上蝴蝶結的狀態排放在蛋糕專用的架檯上。也提供蛋糕試吃。

香橙蛋糕

蛋糕體

採用法國產利口酒「索米爾橙皮甜酒（Saumur Triple Sec）」作為賦予香氣的材料，在蛋糕體上展現高貴優雅又自然的柑橘風味。烘烤後，在每個模具內多倒一些含柑曼怡香橙干邑香甜酒（Grand Marnier）的糖漿約30g，以提高潤澤感。

內餡材料

放入爽快風味的糖煮柳橙碎末。重點在於可以感受到風味即可，所以不必投入多達至可以感覺到口感的份量。

模具尺寸

長21.5cm×寬4.5cm×高5.5cm

外層裝飾

在上面擺放切成半片的糖煮柳橙薄片，除了底面以外，各處皆塗抹均等的杏桃醬。在整個表面塗抹果醬，除了有保溼效果外，也能使外觀顯現光澤，呈現高貴優雅感。

以形狀、潤澤感、香氣
強調蛋糕的個性

香橙蛋糕

1條 1450日圓（含稅）
供應期間　整年

材料和作法

香橙蛋糕

長21.5cm×寬4.5cm×高5.5cm的模具
24條的量

蛋糕體

A
- 杏仁粉……1099.5g
- 低筋麵粉……525g
- 發粉……10g
- 無鹽奶油（高梨乳業／放回至常溫備用）……1066.5g
- 精製細砂糖……1099.5g
- 全蛋……195g
- 蛋黃……393g
- 糖煮柳橙（切成細小碎末）……246g
- 索米爾橙皮甜酒（Saumur Triple Sec）……163ml

蛋白霜
- 蛋白……589g
- 精製細砂糖……286.5g

1. 將A的材料全部放進攪拌盆內，以高速攪拌約10～15分鐘。

2. 製作鬆軟的蛋白霜。在攪拌盆內放入蛋白和精製細砂糖，攪拌至用橡皮刮刀往上舀起時，會呈線狀滴落的程度。

3. 將**1**的攪拌盆從攪拌機下取出，一度加入**2**。用手混合整體且避免弄破蛋白霜。

烘焙＆裝飾

- 柑曼怡香橙干邑香甜酒（Grand Marnier）……450ml
- 糖漿（波美比重計30°）……450ml
- 糖煮柳橙（Sabaton公司「TRANCHES D' ORANGES」）……適量
- 杏桃醬……適量

1. 模具內薄薄塗抹一層奶油（份量外）備用。

2. 將蛋糕體麵糊放進擠花袋內，再輕輕擠入模具內（每個模具擠入228g）。用手輕敲模具排出空氣。

3. 用設定160℃的對流烤箱烘烤約25～30分鐘。從模具中取出蛋糕體放在烤網上，待剛出爐的熱度散去。

4. 製作糖漿。混合柑曼怡香橙干邑香甜酒和波美比重計30°糖漿。

5. 在**3**的上面和側面注入**4**（每個模具約32g），放上糖煮柳橙。在上面和側面均等地薄塗一層杏桃醬。

藉由溼潤感與香氣 表現自我風格的創意蛋糕

『Arcachon』的森本慎主廚所製作的「香橙蛋糕」，它的誕生可追溯到16年前。在法國研習時他遇見了瑪格麗特蛋糕模具製作的香橙蛋糕，這種美味令他大受感動。以這種蛋糕的味道為基底，外型改良成自創風格的正是這次所要介紹的「香橙蛋糕」。

第一個步驟是選擇模具。這次使用的模具為特別訂購，直向細長的外型非常具有特色。之所以是這個尺寸，主要是因為已有既定的襯紙（製菓使用）。

考慮外觀的獨創性、易於入口、販賣價格等，感覺這個尺寸非常合適，於是以這個襯紙為基礎訂購模具。長21.5cm稍微偏長，寬4.5cm則較一般狀態短一些。以這細長的外型送禮，可呈現出『Arcachon』的專屬特色。

「香橙蛋糕」的特色首在「溼潤感」。說是柔軟也不為過的口感，在食用時感覺舒服、入口即化。這種溼潤感，是完成時浸透的糖漿所發揮的極大效果。另外，塗在表面增添風味的杏桃醬也提高了保溼度。

第二個特色是「清爽的香氣」。麵糊加上經三重蒸餾的香橙利口酒「索米爾橙皮甜酒（Saumur Triple Sec）」，最後的糖漿使用的是「柑曼怡香橙干邑香甜酒（Grand Marnier）」。高品質的法國產利口酒「索米爾橙皮甜酒（Saumur Triple Sec）」，沒有雜味的高級柳橙風味為其特色。用手剝果皮且只用最香的部分當作原料，這點也是此種利口酒的特色。

浸透的糖漿以30°波美比重糖漿和等量的「柑曼怡香橙干邑香甜酒」調配。每個蛋糕內注入約32ml算是偏多，在呈現柳橙清爽香氣的同時，也讓蛋糕體麵糊充滿潤澤感。

另外，作法也具有特色，蛋白霜以外的所有材料皆倒入攪拌盆中快速攪拌。這直接採用了法國研習時期的作法，和材料依序添加的方法相比，味道並沒有太大的差異。雞蛋經由另外打發呈現理想的「恰到好處的口感」。

至於打發的程度，他說：「蛋白霜打發不夠麵糊會很厚重，相反的，打發過度麵糊則會變得太輕。蛋白霜開始起泡就是結束的標準，必須是舀起時會流下滴落的濃稠度才行。」

當初將蛋糕作為商品的理由，是因為想讓大家瞭解以前的奶油蛋糕所沒有的全新滋味。「希望提供客人沒嚐過的嶄新滋味，經由供應華麗外觀的蛋糕，讓客人享受挑選的樂趣，及品嚐的趣味。」

點綴巧克力 以華麗的蛋糕吸引人

蛋糕的變化平時有7種，每種都會考慮到客人的用途可能是送禮，因此格外重視外觀的華麗與獨創性。森本主廚的蛋糕特色，在於靈活運用巧克力點綴，呈現時尚與高級感的這一點。

例如「栗子蛋糕」淋上牛奶巧克力再用白巧克力劃線；「香櫞蛋糕」是檸檬色，使用檸檬風味的巧克力香料清楚傳達蛋糕的特色，並完美烘烤出吸引人目光的鮮豔顏色。

「巧克力採取用微波爐融化的簡單方法。配合蛋糕所使用的材料（栗子、檸檬等），選擇風味和顏色皆合適的巧克力，利用巧克力與食材味道的融合，表現出蛋糕的個性。」森本主廚說，巧克力的作業效率高，外觀也很華麗，在裝飾蛋糕時是很推薦的食材。

關於蛋糕的保存，從美味的觀點來看保存期限設定在1週以內。「香橙蛋糕」的保存期限是常溫下5天。從保存期限比帶餡甜點更久，以及1條約1000多日圓的划算價格帶等優點觀察，送禮自用的比例各占一半，也有不少回頭客。

Agréable

店主兼主廚糕點師　**加藤 晃生**

從表面龜裂處彈出般的蛋糕體內層。當中有大塊的水果和香味四溢的堅果。洋溢著躍動感的蛋糕，是加藤晃生主廚依照法國風格製作的水果蛋糕。

別出心裁的花樣變化

巧克力水果內餡蛋糕
→P.156

格雷伯爵茶風
水果內餡蛋糕
→P.156

橙果內餡蛋糕
→P.170

水果內餡蛋糕

蛋糕體

潤澤口感、入口即化的蛋糕體。使用融解的奶油再用食物調理機（FMI公司「ROBOT COUPE」）製造，在水分飛散、連蛋糕體中間皆充分烤透的蛋糕體上，淋上含香橙干邑白蘭地的糖漿，讓蛋糕體吸收。

內餡材料

蘭姆酒漬的水果和堅果。水果為葡萄乾、無花果、杏桃、黑棗，全都是乾燥品。堅果為杏仁和榛果這2種。葡萄乾以外的水果皆各自切成稍大尺寸，堅果則是將每顆杏仁切成一半。將這些材料混合後浸漬在麥斯蘭姆酒Myers's Rum內最少3個月，之後倒掉浸漬液，混合到蛋糕體麵糊內。

模具尺寸

長12cm×寬6cm×高6cm
長16cm×寬6cm×高6cm

Packaging

平置在低於視線位置處所設置的烘焙甜點的架檯上。架檯整體一覽無遺，相當容易挑選。

沒有只裝單條蛋糕的專用包裝，而是和烘焙甜點或果醬共同放入作為禮品的組合包裝。

和潤澤的蛋糕體相對
水果和堅果的存在感

水果內餡蛋糕

1條 1250日圓（含稅）／1切片 220日圓（含稅）
供應期間　整年

材料和作法

水果內餡蛋糕

長12cm×寬6cm×高6cm的磅蛋糕模具8條的量＋
長16cm×寬6cm×高6cm的磅蛋糕模具7條的量

蛋糕體

全蛋……………………………600g
糖粉……………………………800g
鹽…………………………………5g
低筋麵粉………………………840g
發粉……………………………10g
融解的無鹽奶油（高梨乳業「北海道奶油」）……………………800g
蘭姆酒漬水果＊……下述1/20的量

1. 製作融解的奶油。將奶油放進鍋內開火加熱至接近人體肌膚的溫度備用（a）。
2. 在裝好波浪刀的食物調理機（FMI公司的「Robot Coupe」）內放入全蛋、糖粉、鹽，以低速攪拌。糖粉融解即停止攪拌。
3. 將低筋麵粉、發粉（兩者皆不用過篩）加進**2**裡，以低速攪拌至看不見粉末即停止攪拌。
4. 加入**1**的融解的奶油，混合攪拌，使麵糊濃密黏稠後即停止（b）。
5. 將蘭姆酒漬水果放進攪拌盆，加入**4**，用攪拌片混合。

＊蘭姆酒漬水果
葡萄乾（乾燥的，加利福尼亞產）……………………………10kg
無花果（乾燥的，土耳其產）….4kg
黑棗（乾燥的，法國產）………4kg
杏仁（烘烤的，加利福尼亞產）……………………………4kg
榛果（烘烤的，土耳其產）……4kg
麥斯蘭姆酒（Myers's Rum）……………………………適量

1. 無花果切成1/4的大小，杏桃、黑棗、杏仁則各自切成1/2的大小。
2. 混合全部的水果和堅果後放進瓶裡，將蘭姆酒注入至能淹蓋過內容物的量，浸漬3個月以上。
3. 用篩網過濾（c），倒掉浸漬液（浸漬液過濾後可加入到下次用來浸漬的蘭姆酒內）。

烘焙＆裝飾

沙拉油……………………………適量
酒糖液（Imbibage）（比例）
香草糖漿（波美比重計30°）（※）……………………………1
干邑甜酒（Vosges）……………1

※香草糖漿
將香草豆連同豆莢一起放進糖漿中，以浸漬的方式讓香氣移轉。

1. 在模具內塗抹無鹽奶油和高筋麵粉（兩者皆為份量外）（d），然後在小模具內倒入250g的蛋糕體麵糊，大模具內倒入350g的蛋糕體麵糊。
2. 將卡板浸在沙拉油內，在蛋糕體麵糊的中央縱向插入至模具底部（e）後抽出。
3. 放進上火設定為200℃、下火設定為180℃的烤箱（小模具須間隔10分鐘的時間，然後再放入），擋板（維持空氣對流的裝置）維持關閉狀烘烤15分鐘（表面會有烘烤微焦的狀態，只有插入卡板的位置會殘留線狀）。
4. 將上火設定為180℃、下火設定為160℃，打開擋板繼續烘烤。
5. 蛋糕體麵糊會從插入卡板的位置推高般浮起，在開始浮起時將前後方向對調，打開擋板，繼續烘烤約15～20分鐘，插入竹籤，確認中間的烘烤狀態，無沾黏再從烤箱取出。
6. 趁熱從模具中取出，放置在散熱器架上放涼。大量淋上熱騰騰的酒糖液（f）。

a.
放入奶油的鍋子開火加熱，邊攪拌邊使奶油融解。使用時如已經冷卻，只要重新加熱即可。

b.
除了自然的冒泡以外不再另外打出泡沫，但短時間的攪拌能使蛋糕體整體乳化。

c.
將浸漬3個月以上的水果和堅果用濾網等過濾，瀝掉浸漬液後使用。

d.
模具內塗抹無鹽奶油和高筋麵粉。模具特別訂製。類似麵包模具那種無傾斜的鐵氟龍製品。

e.
將沙拉油沾在卡板上插進蛋糕體內。油依附的位置會形成油膜，較不容易烘烤。用容易使用的沙拉油來取代奶油進行此步驟。

f.
烘烤後立刻從模具中取出放在散熱架上，以繞圈的方式淋上大量的熱糖漿，使蛋糕體徹底吸收。

使用食物調理機「Robot Coupe」短時間內做出美味蛋糕體

京都出身的加藤晃生主廚在日本國內法式蛋糕店及法國巴黎的『Gérard Mulot』等處研習，之後在２０１３年開了法式蛋糕店『Agréable』。開店後不久便成了人氣名店，尊重基本做蛋糕的態度依然不變，店裡陳列著原汁原味的法式點心。

加藤主廚的製法，是在法國所學的方法上另增加獨到的工夫。在蛋糕各個步驟採用了法國所學的方法。唯一例外是模具。經典點心以原本的模具製作本就合乎道理，所以原形不變，但是尺寸變小消除側面的傾斜。

麵糊的處理不用攪拌器，而是使用FMI公司製的食物調理機「Robot Coupe」。這個機型的馬力很強，令人相當滿意。

首先，雞蛋、糖粉與鹽倒入調理機內以低速輕輕攪拌即可，然後加入粉類，同樣攪拌均勻混合。調理機上設有波刃，不會起泡，只會多少有空氣自然地混入。

最後加入融化的奶油，變成糊狀便處理完畢。只要先準備好融化的奶油，合計不用10分鐘，而且可以做出完全乳化、入口即化的麵糊。另外，不用精製細砂糖改用糖粉，不用固體奶油而使用融化的奶油，也形成入口即化的口感。

處理麵糊時使用調理機的方法，在加藤主廚的經驗中，在法國是普遍的作法。

確實烘焙的蛋糕體麵糊能充分吸收糖漿

在這之後，把麵糊攤在準備好水果的碗中，讓麵糊與水果大致混合，然後倒進模具裡。水果是4種水果乾和2種堅果，浸泡在蘭姆酒中。配合大顆的加州葡萄，將無花果切成4分之1，杏桃與黑棗切成2分之1，都切得比較大塊。

另外，核桃與榛果要先烤過，且核桃每顆都切成一半。雖然很費工，但這樣的大小很適合麵糊，能讓口感達到均衡，也能感受到水果乾和堅果的存在感。

浸漬時間至少需要3個月。如果浸漬時間太短，酒精沒有消化會過於強烈，而且水果比較大塊，至少需要3個月才會入味。溼潤浸透的水果撈到篩網上過濾浸漬液，下次浸漬時可再倒進蘭姆酒內。

倒入模具的麵糊，拿浸在沙拉油裡的卡板直向從中央插至底部，做出1條「通道」後抽出卡板。先放進高溫的烤箱烤15分鐘，雖然表面烤好了，「通道」因為沙拉油的膜而沒有變硬。接著降低溫度打開阻尼器，讓空氣在飽和的烤箱內出現退路，而麵糊內的水分也因為熱膨脹而急於往外奔逃、頻頻推擠麵糊。

此時麵糊通過沙拉油的「通道」浮起，多餘水分也散去。膨脹完後將前後翻轉，關閉阻尼器，完全烤透。在法國沒有計時器的烤箱很普遍，『Agréable』的烤箱也沒有附計時器，因此必須經常確認狀態，細微調整。加藤主廚稱之為「照顧」。只要有像處理麵糊時那般迅速合理進行的工法，也自然有像烘烤時那樣必須徹底親自操刀執行的費工工法。似乎也因為經過這些處理，才賦予了各個商品鮮明的個性。

蛋糕體麵糊烤好後，趁熱淋上熱糖漿。雖然兩者皆熱也很重要，但前提是麵糊得確實烤好。加藤主廚表示，「烤出溼潤的口感」和「完成溼潤的口感」的想法不同。烤好的麵糊吸收十二分的糖漿，便能呈現獨特的溼潤感。

開始賣蛋糕時，思考過是否要加點裝飾。「客人異口同聲地表示很可口，所以不需要裝飾。」因此決定直接賣烤好的蛋糕。雖然簡單，通過沙拉油的「通道」隆起的蛋糕體，正是清楚證實美味的裝飾。

pâtisserie
équi balance

店主兼主廚糕點師　**山岸 修**

山岸修主廚認為，可稱為蛋糕的是「原味蛋糕麵糊Pate cake這種有扎實蛋糕體的甜點」。利用咖啡、堅果、焦糖將基本的蛋糕體做成具有深度風味和成熟香氣的蛋糕。

別出心裁的花樣變化

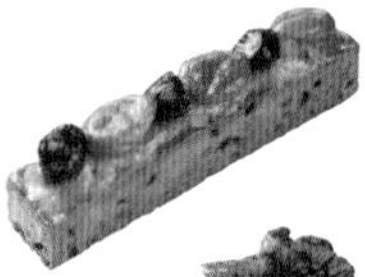

水果蛋糕
→P.156

無花果巧克力蛋糕
→P.158

香橼週末蛋糕
→P.167

咖啡焦糖蛋糕

蛋糕體
基調搭配的是卡特卡蛋糕（Quatre-Quarts）。用咖啡膏在蛋糕體內增添咖啡香氣，再用鹽和焦糖增加濃醇和深度。奶油則使用風味佳的發酵奶油。

內餡材料
切碎與咖啡風味契合的核桃，混進蛋糕體麵糊內，增加香氣和口感。核桃已事先烘烤過，有提升香氣的效果。

模具尺寸
長22.5cm×寬4.5cm×高5.5cm

外層裝飾
用焦糖黏接烘烤過的核桃再撒上糖粉。利用糖粉使外觀燦爛耀眼的同時，也有突顯核桃存在感的效果。

Packaging

底盒採用形象穩重的黑色，盒蓋則是親切的小圓點圖案，無論是作為正式禮品，或是簡單的伴手禮，都非常合適。蛋糕會用OP塑膠膜包裹後再放入，不使用除氧劑等化學品。在冷暗場所以常溫保存，賞味期限可達5天。

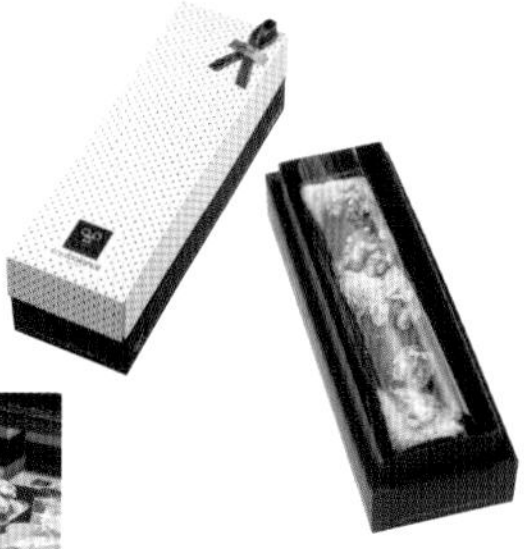

在冷藏展示櫃內以放入紙盒的狀態展示。下層則陳列著依照蛋糕種類繫上不同顏色緞帶的包裝。

咖啡蛋糕體的深度美味
因焦糖倍增！

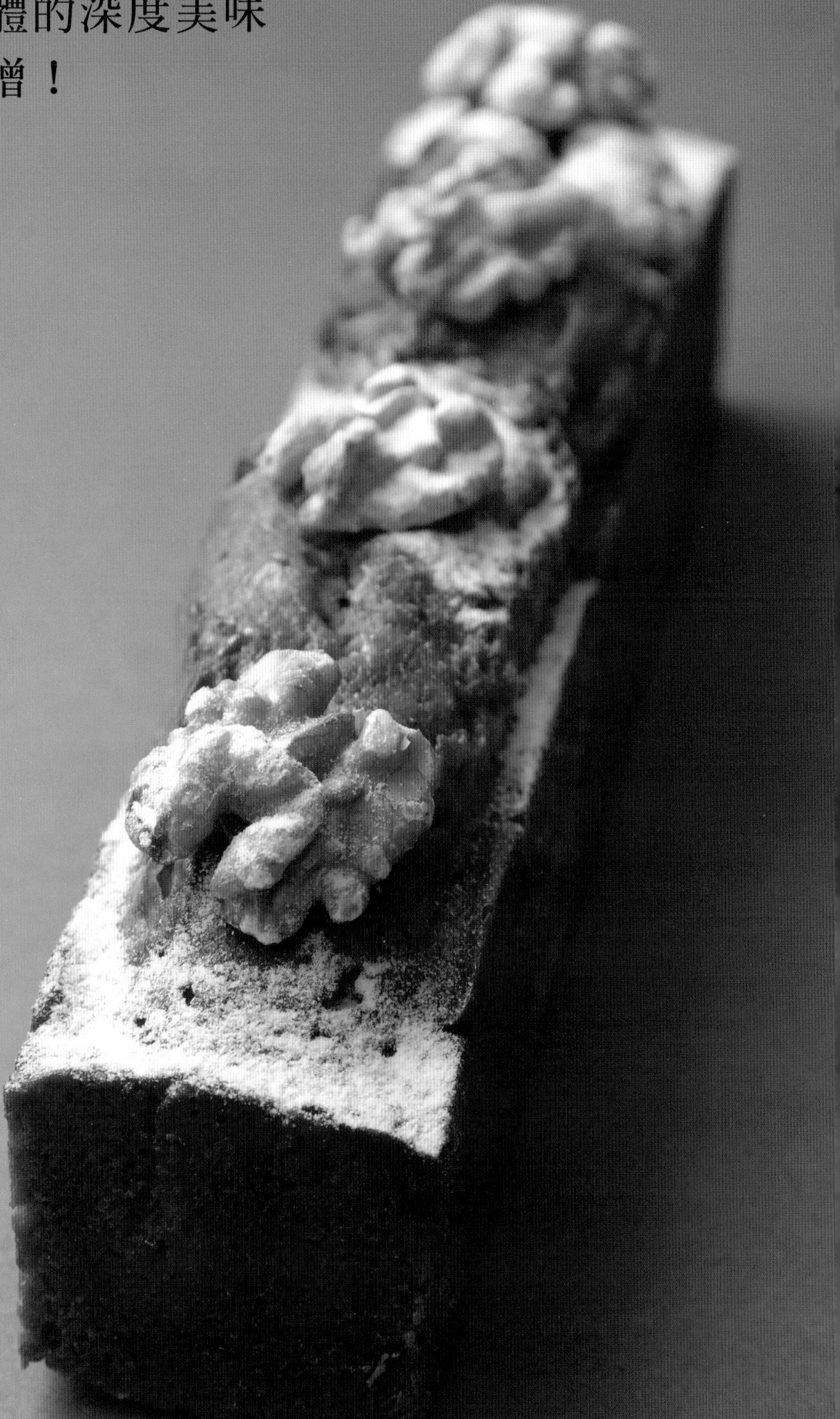

咖啡焦糖蛋糕

1條 1450日圓（含稅）
供應期間　整年

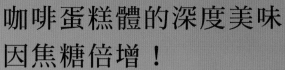

材料和作法

咖啡焦糖蛋糕

長22.5cm×寬4.5cm×高5.5cm的模具
5條的量

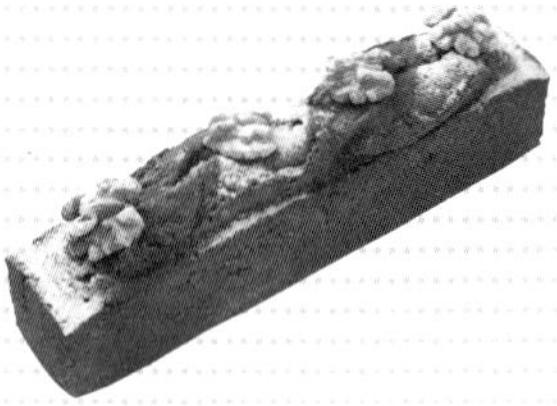

蛋糕體

發酵奶油（明治）……………255g
鹽……………………………………5g
焦糖（完成量當中的）…………100g
精製細砂糖………………………250g
35％鮮奶油（高梨乳業「特選・北海道純鮮奶油35」）……300g
無鹽奶油（高梨乳業「特選・北海道奶油」）……………………50g
咖啡膏＊1…………………………10g
糖粉…………………………………211g
轉化糖………………………………40g
全蛋…………………………………238g
低筋麵粉……………………………255g
發粉……………………………………6g
咖啡粉（※）…………………………5g
核桃（切碎）………………………150g

※咖啡粉
濃縮咖啡的極細粉末。將咖啡豆研磨至極細小的粉末。

1. 核桃稍微烘烤後切碎備用。
2. 精製細砂糖開火煮焦，加入鮮奶油和奶油燉煮，做成焦糖。
3. 將軟化成膏狀的發酵奶油、鹽、**2**的焦糖100g、咖啡膏、糖粉、轉化糖放進食物調理機（FMI公司的「Robot Coupe」）內攪拌均勻。
4. 將放回至常溫的全蛋加進**3**內，使**3**徹底乳化。
5. 低筋麵粉、發粉、咖啡粉混合後過篩，加進**4**內攪拌，混合後移至攪拌盆內。
6. 將**1**的核桃加進**5**裡，用橡皮刮刀或手大略混合即可。

＊1　咖啡膏
〈準備量〉
精製細砂糖……………………500g
水………………………………100ml
濃縮咖啡萃取液………………200ml
即溶濃縮咖啡粉…………………80g
將精製細砂糖和水燉煮至185℃做成糖漿，再加入濃縮咖啡萃取液和即溶濃縮咖啡粉繼續燉煮約30秒，然後用細網過濾。

烘焙＆裝飾

酒糖液（Imbibage）＊2…下述全量
核桃（烘烤的）……………………適量
焦糖…………………………………適量
糖粉（POUDER DÉCOR POUR）
……………………………………適量

1. 模具內塗抹無鹽奶油（份量外），各模具分別倒入蛋糕體麵糊250g。
2. 使用上火設定為180℃、下火設定為160℃的烤箱烘烤約30分鐘。
3. 烘烤結束後，在全面趁熱噴塗溫熱的酒糖液。
4. 冷卻後，用焦糖黏接核桃裝飾，再撒上糖粉。

＊2　酒糖液（Imbibage）
白蘭地（V.S.O.P）………………20g
糖漿（波美比重計30°）…………20g

混合材料加熱。

咖啡與核桃的蛋糕體 藉由焦糖添加深度

2003年山岸修主廚經營的法式蛋糕店『pâtisserie équi balance』，主要販售帶餡甜點（生菓子）、巧克力蛋糕、法式鄉村點心等，廣泛的商品內容深受顧客喜愛。2012年搬遷到附近的大馬路白川通。

趁著搬遷時思考推出的新商品，就是細長形蛋糕。以「水果蛋糕」為開端，有加了大量無花果的「無花果巧克力蛋糕」、放上三重縣特產的梅爾檸檬（Meyer lemon）浸漬片的「香橼週末蛋糕」、還有「咖啡焦糖蛋糕」。

尤其深受行家喜愛的「咖啡焦糖蛋糕」的點子，出自「想讓客人吃到咖啡風味的蛋糕體」如此簡單的想法。蛋糕體內如果只摻入咖啡會感覺味道太淡，於是加了焦糖，以焦糖瑪奇朵的印象，讓蛋糕體先散發出咖啡香味，然後再呈現出焦糖風味。

為了在蛋糕體當中製造亮點，山岸修主廚思索著有哪些食材適合搭配咖啡，最後決定採用最先想到的核桃。烤過的核桃香氣與些微的澀味襯托出蛋糕體麵糊的滋味。酒糖液使用以相同比例混合的白蘭地與糖漿。香味也呈現深度，帶有成熟韻味。

調配的基本是卡特卡蛋糕。使用等量的奶油與麵粉，雞蛋加少一點，加入的咖啡與焦糖必須讓其中的糖分與水分取得平衡。「奶油的油脂較多，要是沒有先在奶油裡加入糖分確實攪拌，就無法和雞蛋的水分乳化。」正因為是簡單的點心，才更要重視基本工法的重點。可是，為了做出緊實又口感佳的蛋糕體，必須不打發奶油以免摻入空氣，而加入粉類後也只用橡膠刮刀大略攪拌，盡量避免讓小麥出現麩質。

材料全都放置在室溫下。麵糊若是太冷，烤好時的狀態會出現微妙的變化，依照室溫與材料的狀態，有時須要直接用火烤提高溫度。淋上的酒糖液是加熱過的。溫熱的酒糖液比較容易浸透蛋糕體。

裝飾部分則擺放該點心所用的食材，非常淺顯易懂。另外，裝飾也是味道的一部分，必須考量整體的平衡，這款蛋糕使用焦糖黏接核桃。

平時享用或當成伴手禮 以便於運用的形式供應

山岸主廚的蛋糕以蛋糕體的緊實口感為特色。「在我心中稱為蛋糕的是奶油蛋糕系列。緊實的蛋糕體麵糊濃縮住美味，質地細緻的蛋糕體正是蛋糕的樣子。」他如此說道。

因為是品嚐蛋糕體味道的甜點，非常重視風味。所以使用發酵奶油。山岸主廚說，想提升香氣的點心最好用發酵奶油，尤其適合烘焙點心。此外，「加了許多奶油的烘焙點心，容易因溫度變化而劣化。雖然不必冷藏，但溫度若不保持在一定範圍內，會減損難得的風味。在交到客人手上之前，必須確實管理。」因此也注意店面的溫度管理，巧克力蛋糕等也放在陳列的展示櫃中。

模具比一般的蛋糕模具還長，造型非常時尚。「客人當成伴手禮或在自家享用時，蛋糕的大小與氣氛都剛剛好。」蛋糕盒是送禮用的設計。配合『équi balance』的商標而將底盒設計成黑色，另為了讓客人感覺親切，盒蓋採用小圓點圖案多少呈現輕鬆感。

對山岸主廚而言，烘焙點心是需要準備專用烤箱的重要商品。蛋糕擺在店中央的展示櫃裡與帶餡甜點在同樣的視線高度，下方也排了盒子傳達出伴手禮的感覺。

另外，地點距離銀閣寺等觀光名勝也不算遠，連無法將帶餡甜點帶回家的遠方客人也給予好評，增加了不少回頭客。

W.Boléro

店主兼主廚糕點師　**渡邊 雄二**

與美味的果乾相遇時總會構思蛋糕製作的渡邊雄二主廚。在他的擅長項目之中，有使用目前唯一販售的新鮮水果做成的蛋糕。在焦糖蛋糕體內嵌入香料風味的炒鳳梨。

別出心裁的花樣變化

阿爾薩斯蛋糕
→P.156

黑果巧克力蛋糕
→P.158

卡特卡蛋糕
→P.165

黑棗內餡蛋糕
→P.171

金字塔蛋糕
→P.173

Packaging

提供送禮用的大中小紙盒（200日圓～，未稅）。以高雅的粉色系紙張墊在內層做出高級感，再繫上黑色緞帶的蝴蝶結。

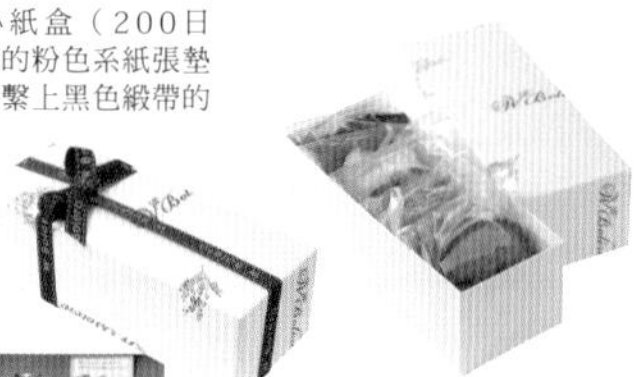

在容易吸引目光又方便挑選的中間層擺放單條蛋糕的個別包裝，下層則擺放各種組合的包裝。半生的烘焙甜點只有個別包裝。由於主要是用來送禮，因此在賞味期限（3星期）內，為了避免風味改變，會放入除氧劑密封。

焦糖鳳梨蛋糕

蛋糕體

加入焦糖苦味的焙煎芳香蛋糕體。將發粉控制所需要的最小限度，利用材料徹底黏結、乳化，使蛋糕體麵糊用自己的力量自然膨脹起來。在冰箱內靜置3小時至一晚，使麩質穩定後再烘烤，也能使口感更滑順。用對流烤箱使烘烤時的蛋糕體周圍能受到均等的熱能。

內餡材料

將香料風味的炒鳳梨做成配料。香料部分採用法式綜合香料（Quatre épices）和黑胡椒，風味方面則使用牙買加蘭姆酒調配。鳳梨的水分飛散後，利用徹底焦糖化的焦糖苦味以及加入稍多的黑胡椒，即能讓鳳梨的甜味餘韻無窮。

模具尺寸

長16cm×寬6.5cm×高6cm

利用焦糖的苦味和黑胡椒
使鳳梨的甜味充滿餘韻

焦糖鳳梨蛋糕

1切片 180日圓（未稅）
供應期間　整年

材料和作法

焦糖鳳梨蛋糕

長16cm×寬6.5cm×高6cm的磅蛋糕模具
14條的量

蛋糕體

發酵奶油（森永乳業）··········760g
精製細砂糖·························870g
全蛋·································700g
焦糖
- 精製細砂糖·····················190g
- 45～47%鮮奶油··············230g

低筋麵粉（日清製粉「紫羅蘭（Violet）」）·····························460g
中筋麵粉（DGF公司「Farine de Pâtissèrie Type 55」）··········240g
發粉···································11g
炒鳳梨＊························下述全量

1. 製作焦糖。將精製細砂糖開火燉煮至焦糖色，再加入沸騰的鮮奶油。然後放涼至25℃～28℃備用。
2. 將25℃～26℃的奶油用攪拌機攪拌成奶霜狀。
3. 在**2**中加入精製細砂糖混合。整體攪拌，沒有砂糖顆粒殘留即可。注意不要過度攪拌，以免摻入空氣。
4. 將放至25℃～30℃備用的雞蛋分幾次加進**3**內。為避免油水分離，必須邊確認狀態邊加入雞蛋，使蛋糕體確實乳化。
5. 加入**1**的焦糖，充分攪拌混合。
6. 混合低筋麵粉、中筋麵粉、發粉，過篩1～2次備用，加進**5**再用攪拌片充分混合。注意不要混合出麩質。
7. 加入炒鳳梨混合。

＊炒鳳梨
黃金鳳梨（※1）················1350g
精製細砂糖··························適量
黑胡椒·······························少許
法式綜合香料(Quatre épices)（※2）···少許
蘭姆酒（牙買加蘭姆酒）·········少許

※1　黃金鳳梨
大略切碎果肉，放進銅鍋開火煮，測量水分飛散後的果肉。

※2　法式綜合香料
（Quatre épices）
將胡椒、生薑、丁香、肉豆蔻做成粉末狀的法國基本綜合香料。

1. 在鳳梨上撒精製細砂糖，放進平底鍋用強火煮至焦糖化。
2. 鳳梨凝縮成濃郁的焦糖色後，加入黑胡椒和法式綜合香料，緊接著，以繞圈的方式淋上蘭姆酒再煮一下。

烘焙＆裝飾

干邑甜酒（Orange Cognac）····適量

1. 在模具內塗抹奶油（份量外），鋪上依照模具形狀立體剪裁的玻璃紙，鋪紙的內側也塗抹奶油（份量外）備用。
2. 用橡皮刮刀將蛋糕體麵糊每個模具倒入300g。再用刮片調整表面，使邊緣較高、中央處下凹。
3. 將**2**靜置在冰箱內3小時至一晚，使麩質穩定。
4. 將對流烤箱預熱為200℃～240℃備用。
5. 將**3**排列在厚的鐵製烤盤上放進烤箱，用155℃烘烤50分鐘～1小時10分鐘。蛋糕體麵糊膨脹至最高後，確認是否已達縮小穩定的狀態，再從烤箱取出。
6. 取下模具，趁熱充分注入干邑甜酒。

重視卡特卡蛋糕
讓蛋糕體自然膨脹

滋賀縣守山市的『W. Boléro』是每年在國內的「Salon du chocolat」登場的知名店家。以普羅旺斯地區為印象的獨屋，吸引全國各地的支持者來訪。捉住客人內心的，正是重視法式點心精神的渡邊雄二主廚的點心世界。

「希望能以原本的形狀烘烤法式傳統點心。形狀改變火候也會變，點心的形象也會不同。」蛋糕使用古典的磅蛋糕模具。

為呈現法式口味，特別添加法式風味的麵粉，奶油也使用接近法國奶油的發酵奶油。「法國的麵粉與日本製粉的方式不同，麵粉味很強烈，但是混合發酵奶油加熱後，奶油的發酵味與麵粉味都會消失，變成濃郁的風味。這就是法式美味。」他說。只有「卡特卡蛋糕（Quatre-Quarts）」使用法國PAMPLIE（艾許村鄰近的村莊）產的高級奶油。

調配方式也是使用相同比例的奶油、砂糖、雞蛋、麵粉，傳達出原本的味道。

開始製作「卡特卡蛋糕」的目的是為了教導員工蛋糕體麵糊不使用發粉也能膨脹。

「在麵糊裡摻入配料時發粉是必備材料之一，可是人工氣泡也有讓口感變差的一面。我認為『卡特卡蛋糕』這種自然的膨脹方式很不錯，在必要場合也盡量減少使用發粉。」渡邊主廚認為，質地細緻柔滑，可感受到自然口感的蛋糕體麵糊最棒。為此絕不可缺少的要素，就是確實乳化。奶油容易乳化，而且在24～28℃不會變質。

一面維持這個溫度一面摻入調整過溫度的食材。奶油選擇不打發。因為麵糊會經由加熱而使水分變成氣泡膨脹，可是含有多餘的空氣會形成不自然的氣泡，使麵糊變得乾硬。

另外，為避免影響膨脹，砂糖混進奶油之後要在仍保留顆粒的狀態下放進烤箱。

如果從砂糖已經融化的狀態才加熱，麵糊會變得黏糊糊的不容易膨脹，也會變重。此外，為了讓混合時一定會出現的麩質穩定，至少要在冰箱裡靜置3小時也是重點。

渡邊主廚說，新的蛋糕商品大多是因為遇見好吃的水果乾才設計的。「黑棗內餡蛋糕」活用法國阿讓（Agen）產的水果乾；「阿爾薩斯蛋糕」作為享用好吃水果乾的蛋糕，製作成阿爾薩斯地區西洋梨麵包（Berawecka）風格的高級糕點。唯一配料使用新鮮水果的「焦糖鳳梨蛋糕」則大異其趣。

在增加蛋糕種類時，思考加了焦糖的麵糊，利用焦糖的苦味犀利地突顯鳳梨的甜味。使用法式綜合香料與黑胡椒調味，再用牙買加蘭姆酒使風味更有深度，呈現出與水果乾不同的美味。

積極地接觸
成為有發展性的甜點

渡邊主廚認為，對日本人來說烘焙點心大多用來送禮，因此以這個前提進行強化。他不再販售整條蛋糕，只賣切片包裝。也重視種類的豐富與蛋糕盒的高級感。

目前半生的烘焙甜點（Demi-sec）有19種。今後也預定會繼續增加。為了加強烘焙點心的新意與幅度，不斷研究日本尚少見的法式傳統點心。

「烘焙點心能敏銳的令製作者感受到到具價值與否。製作時若不開心，商品也往往容易單調。可是，如果店家傾盡全力，客人的體會也會有所不同。」2013年在大阪的辦公大樓行政區開店，實際感受到客人對於甜點有送禮以及攜帶便利等需求。

「帶餡甜點與烘焙點心的銷售比例現在是5比5，希望將來是3比7。」渡邊主廚說。作為「送禮用的點心」，將日式糕點店昔日的接待、應對、陳列作為範本，看準烘焙點心今後的發展。

ÉLBÉRUN

店主兼主廚糕點師　**柿田 衛二**

結合苦巧克力具備的各項要素，重現巧克力風味的細緻蛋糕體。一放入口中，喉頭深處殘留的餘韻如同巧克力融化時的狀態般逐漸逸散。

別出心裁的花樣變化

水果蛋糕
→P.156

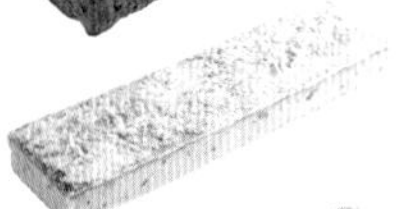

巧克力杏仁蛋糕
（白巧克力）
→P.160

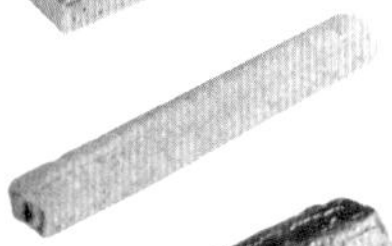

木夢
→P.160

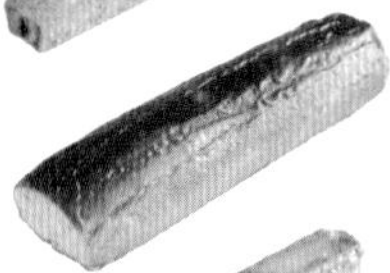

麥芽糖奶油蛋糕
→P.166

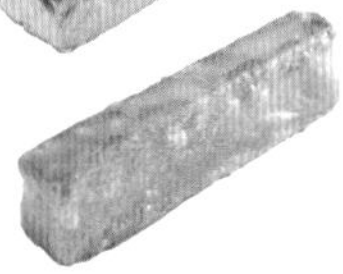

柑橘週末蛋糕
→P.169

Packaging

店所在地的夙川是關西屈指可數的高級住宅地，也是以櫻花聞名的名勝。在描繪此風景的專用紙盒內，放入用玻璃紙包裹的商品，再繫上櫻花色的蝴蝶結。

蛋糕以迎接顧客的姿態陳列在入口正面的展示櫃內。展示櫃內的三分之一是帶餡甜點，而烘焙甜點的比例則多出將近一倍。

巧克力杏仁蛋糕
（巧克力）

蛋糕體

基底是利用糖油拌合法製作的卡特卡蛋糕（Quatre-Quarts）。將奶油和砂糖攪拌至極致，使雞蛋和粉類完全乳化，加上甘納許，做成質地細緻的巧克力蛋糕體。使用日本國內生產的高蛋白低筋麵粉。

內餡材料

使用無花果的果醬。由店家自製，浸漬在紅葡萄酒內的無花果搭配覆盆子果泥，做成糊狀的餡料。

模具尺寸

長52cm×寬37cm×高3cm的6取烤盤※
※切成25.5cm×7cm。直接將蛋糕體麵糊倒進烤盤內烘烤蛋糕的作法，是承襲了初代主廚「昭和蛋糕」時代的產物。
※譯註：「6取烤盤」是特殊尺寸的烤盤。

外層裝飾

並非毫無修飾地展現蛋糕體本身，而是抹上一層巧克力淋醬，再撒上可可粉，更彰顯出巧克力的感覺。

以融化後宛若消失般的蛋糕體
重現巧克力的絕美風味

巧克力杏仁蛋糕（巧克力）

1條 1800日圓（含稅）
供應期間　整年

巧克力杏仁蛋糕（巧克力）

6取烤盤※3片的量
（長25.5cm×寬7cm×高3cm　30條的量）

蛋糕體

無鹽奶油（可爾必思「低水分奶油」）……1350g
精緻砂糖……1200g
全蛋（含殼）……1350g
甘納許
- 35%鮮奶油……1500g
- 61%苦巧克力（VALRHONA法芙娜公司「EXTRA BITTER」）……900g

杏仁粉（馬爾科納（Marcona）品種）……450g
蛋糕碎屑（※）……300g
無花果蜜餞＊……800g
低筋麵粉（增田製粉所「內麥黃金（内麦ゴールド）」）……1800g
發粉……18g

※為了能重新利用蛋糕碎屑的切邊，因此也可採用100%杏仁粉。

1. 用食物調理機混合杏仁粉和蛋糕碎屑，做成粉末狀備用。
2. 將恢復至室溫的奶油和精緻砂糖放進攪拌盆內，用打蛋器攪拌。充分攪拌使空氣摻入且打出泡沫為止。
3. 將雞蛋一點一點加進**2**內，同時繼續攪拌。加入雞蛋的過程中，也加入**1**的粉末一起混合，然後加入剩下的蛋混合、攪拌。
4. 將加熱好的鮮奶油注入到巧克力中，再將做好的甘納許加進**3**裡，接著混入無花果蜜餞，然後從攪拌機上移開。
5. 將低筋麵粉和發粉混合後過篩備用，加進**4**裡，用手大略地攪拌一下。

＊無花果蜜餞
無花果（半乾燥的）……500g
紅葡萄酒……400ml
覆盆子果泥……500g

1. 將無花果浸漬在紅葡萄酒內一晚。
2. 混合**1**和覆盆子果泥後加熱。
3. 輕輕沸騰後，用手持式攪拌機攪拌成糊狀後放涼。

烘焙＆裝飾

杏桃醬……適量
巧克力淋醬（VALRHONA法芙娜公司「Noir」）……適量
可可粉……適量

1. 在烤盤上鋪上鋪紙再倒入蛋糕體麵糊，使用上火設定為180℃、下火設定為150℃的烤箱烘烤約30分鐘後，將上火降至160℃，下火則維持150℃再烘烤約15分鐘。
2. 從烤箱中取出，取下烤盤，將蛋糕體倒翻過來，冷卻後再次翻面。
3. 將杏桃醬大範圍地塗抹在上面，然後淋上巧克力淋醬，撒上可可粉，接著切平邊端，再切成10等分。
4. 在各個切口也同樣抹上巧克力淋醬。

※譯註：「6取烤盤」是特殊尺寸的烤盤。

分析巧克力的要素 分散嵌入在蛋糕當中

『ÉLBÉRUN』位於關西屈指可數的住宅區夙川，由柿田衛先生於1964年創業。多年來持續受到喜愛細膩風味的客群支持，至今已有50多年歷史，現在由第二代的柿田衛二主廚接手。

除了有「檸檬派」、冷凍點心「蜂花粉」等大受歡迎的經典商品以外，另有占了營業額6成的餅乾等烘焙點心，是這個地區送禮時不可缺少的禮品。

「巧克力杏仁蛋糕（巧克力）」是第一代老闆製作的原創配方點心，2011年重製時重新檢視作法。以「在口中重現巧克力的味道」為目標製作。使用巧克力的麵糊，用麵粉、雞蛋與砂糖稀釋巧克力的味道，苦味會變得較少。

怎樣才能做成直接感受到巧克力滋味的蛋糕呢？首先得分析巧克力具有何種要素。最大的特色就是入口即化的口感。

在味道方面，有丹寧（tannin）留在舌頭上的感覺、些微的澀味、酸味等。

接著，要把這些要素逐一應用到各種食材，讓客人在食用時，能在口中重新讓巧克力形成味道。例如砂糖不使用精製細砂糖，而是使用精緻砂糖。

因為在舌頭上留下甜味的精緻砂糖，和巧克力的滋味更接近。也可以在無花果果醬中使用紅酒，帶出可可特有的丹寧所留下的滋味與澀味。果醬中再加上覆盆子，利用覆盆子香味突出的特性，提升巧克力的香氣。

然後最重要的元素「入口即化的口感」，則是利用蛋糕體麵糊的質感重現。基底是以糖油拌合法製作的卡特卡蛋糕，但是口感截然不同。法式點心的卡特卡蛋糕一般口感俐落，但這種麵糊柔滑Q彈，入口即化。這種差異來自於材料、調配與製法的不同。材料因選擇國內生產的低筋麵粉而有極大的影響。

如果是使用高蛋白的麵粉，就得調配得多一些；要是採用的是其他麵粉，則會在沉甸甸的狀態下呈現Q彈的口感。

麵粉會影響口感，所以得反覆試作慎重選擇。另外，果醬的份量多一些能增加水分，可以形成入口即化的口感。

仔細確認乳化狀態 製作入口即化的蛋糕體

製法上的重點，就是乳化的過程。柿田主廚經常對自己這麼說：「這是長崎蛋糕店的奶油蛋糕（Pate cake）。」「換句話說，法式點心中乳化時大多邊維持溫度邊揉和，這種麵糊則是不斷混入空氣『強制』乳化。」混合奶油與精緻砂糖，打發到麵糊隆起含有空氣。加入雞蛋後便不再打發，所以要在奶油的階段盡量打發。

加入雞蛋後如果開始油水分離，就得加入杏仁粉阻止分離，然後再加入雞蛋。當雞蛋全部加入後，就放入低筋麵粉。

在那之前會加入甘納許，使乳化更容易，但同時麵糊也會緊實，所以必須多加一些果醬稀釋。完成的麵糊只要是所有材料完全乳化呈現一體的狀態，就算是成功了。如果奶油打發不完全，則會變成黏糊糊的液體狀。

如此烘焙而成的蛋糕體質地細緻，有入口即化的口感。的確和口中含有苦味巧克力時相似。蛋糕主要是品嚐蛋糕體本身，所以「入口、通過喉嚨才算完畢。蛋糕的有趣之處就在於此。」柿田主廚說。

『ÉLBÉRUN』長久持續經營的財富，就是每一位客人心裡「回憶中的美味」。

回憶容易被美化，只有最好的要素會被記憶。為了不破壞印象，口味又要跟上時代，而必須經常檢視、修改配方。熱衷研究的柿田主廚，對於不斷的嘗試與學習樂在其中。

Pâtisserie PARTAGE

店主兼主廚糕點師　**齋藤 由季**

為了回應顧客們「想要小蛋糕」的願望，齋藤主廚在失敗中不斷摸索出來的立方形蛋糕上，擺放了豐富的煮嫩皮甜栗。香氣四溢的烘烤核桃和糖漬黑棗，成為出色亮點。

別出心裁的花樣變化

水果蛋糕
→P.156

水果巧克力蛋糕
→P.158

蜜柑杏桃焦糖蛋糕
→P.162

週末蛋糕
→P.168

Packaging

每條都會用OPP透明紙包裹。如需禮品包裝服務，將提供蛋糕專用的禮品包裝盒（200日圓，含稅），且會繫上蝴蝶結或附上包裝紙。

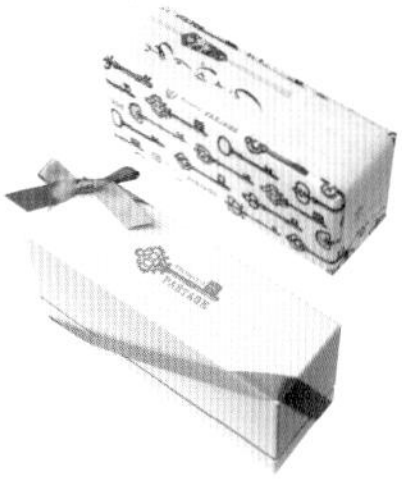

陳列在店內右側的巧克力展示區的一隅。價格牌上另記載著素材、風味、口感等資訊。

黑棗甜栗蛋糕

蛋糕體

以相同比例，使用法國製麵粉Farine de Pâtissèrie Type 55、日清製粉「山茶花（Camellia）」、日清製粉「紫羅蘭（Violet）」等3種麵粉，有如同亞爾薩斯傳統糕點Pain d'épices般略帶黏稠的特色口感。放入了栗子奶油和栗子膏，有豐富的栗子風味。其中還注入了與栗子口感契合的Nocello糖漿。

內餡材料

各自切為約1cm塊狀的煮嫩皮甜栗、糖漬黑棗、大略切開的核桃。

模具尺寸

6cm的塊狀

外層裝飾

煮嫩皮甜栗、糖漬黑棗、核桃各擺1個作為裝飾，再塗抹杏桃風味的鏡面果膠。

栗子風味比奶油更清晰
利用配料帶來豐富口感

黑棗甜栗蛋糕

1條 1600日圓（含稅）
供應期間　整年（需事先訂購）

材料和作法

黑棗甜栗蛋糕

6cm的磅蛋糕模具
2條的量

蛋糕體

發酵奶油（明治）……49g
全蛋……38g
栗子膏……60g
栗子奶油……20g
麵粉（※）……43g
發粉……1.5g

※以相同比例混合法國製麵粉Farine de Pâtissèrie Type 55、日清製粉「山茶花（Camellia）」、日清製粉「紫羅蘭（Violet）」等3種麵粉。

1. 將全蛋加入到柔軟的發酵奶油中，用橡皮刮刀混合並避免摻入空氣使其充分乳化。
2. 將栗子膏和栗子奶油加進**1**內，用橡皮刮刀混合。
3. 將預先過篩混合好的麵粉和發粉加進**2**裡，用橡皮刮刀從底部攪動，將蛋糕體麵糊混合至均勻。

烘焙＆裝飾

配料
- 煮嫩皮甜栗……80g
- 糖漬黑棗＊……50g
- 核桃……20g

Nocello糖漿
（以同比例混合波美比重計30°的糖漿和核桃利口酒Toschi Nocello製成）……14ml
配料（裝飾用）
- 煮嫩皮甜栗……2粒
- 糖漬黑棗……2個
- 核桃……2個

杏桃風味鏡面果膠……適量

1. 煮嫩皮甜栗切對半，糖漬黑棗切成約1cm的塊狀。核桃需充分烘烤至中心微焦、散出香氣，再大略切碎。以上皆分成二等份。
2. 在蛋糕體麵糊1條的量中加入煮嫩皮甜栗以外的配料1條的量，不要攪拌蛋糕體麵糊，用橡皮刮刀大略混合，再放進不裝花嘴的擠花袋內。
3. 模具內鋪上烤盤紙，將擠花袋內的蛋糕體麵糊擠進模具內。然後在麵糊中均勻散布煮嫩皮甜栗，要用麵糊覆蓋住甜栗，避免甜栗露出麵糊的表面。
4. 將模具底部在烤盤上輕敲2～3下排出空氣。用手指按住模具的四個邊角，再用橡皮刮刀將表面抹平。
5. 使用上火和下火都設定為180℃的烤箱烘烤約50分鐘。
6. 從模具中取出，趁熱在每個模具的上面和側面注入7ml的Nocello糖漿，待剛出爐的熱度散去後，在上面塗抹杏桃風味鏡面果膠。在每個模具擺放裝飾用的配料各1個，再將杏桃風味鏡面果膠塗抹在裝飾用的配料上，藉以達到黏著效果並做出光澤感。

＊糖漬黑棗
黑棗（半乾燥的，無籽的）……500g
水……1000ml
精製細砂糖……450g

1. 用竹籤在每顆半乾燥的黑棗上刺出5～6個洞。
2. 攪拌盆內放入**1**和水1000ml，在常溫下靜置一天，使**1**變軟。
3. 在鍋內放入浸漬**2**的黑棗的水以及精製細砂糖，開火煮沸。精製細砂糖融解後，加入瀝乾水分的**2**的黑棗，用小火燉煮1天，關火後直接在常溫下放涼。

希望向更多人傳達蛋糕的魅力

自己希望呈現的味道和香氣會因蛋糕體麵糊的混合方式而改變成任何狀態，因此喜愛烘焙甜點的齋藤由季主廚，以蛋糕為開端，提出「我能了解顧客會被外觀華麗的帶餡甜點吸引，但是比起帶餡甜點，我更希望能讓他們品嚐烘焙甜點。」的想法。

在經常被用來送禮、利用裝飾呈現豪華感的蛋糕製作上，齋藤主廚投入許多心力。他也在店內入口處的右側設置蛋糕專用展示櫃，對於吸引顧客目光，著實也下了一番工夫。

此外，嚐過店內美味而積極挑選蛋糕或烘焙甜點的顧客也增加許多，因此除了詳細的商品說明外，也盡量提供試吃推薦。

在並列的多種蛋糕中，外型偏小卻頗有存在感的是6cm塊狀立方體的黑棗甜栗蛋糕。

『Pâtisserie PARTAGE』店內的顧客以50～60多歲的當地居民較多，有希望縮小蛋糕尺寸的高度需求。

這是因為顧客表示經常要作為伴手禮使用，為避免讓收禮的人感覺負擔，最好以尋常、不要過度刻意的物品較合適，價格即使稍微偏高也無妨。

齋藤主廚為了回應這些需求，開發蛋糕時特地選擇人氣極高的栗子作材料，放入份量豐富的栗子，讓人從外層就能一目了然。

蛋糕體內也混入栗子奶油和栗子膏，採用栗子份量多於奶油的配方，能巧妙地做出栗子的風味和口感。

不只是栗子，也放了大量的糖漬黑棗，因而不易膨脹。為了能確實膨脹起來，烘烤時必須讓麵糊徹底乳化，倒入模具的麵糊量也必須比其他蛋糕更多，這些都是製作時的重點。

由於栗子較多而使成本變高，但因為尺寸較小，依然能以親民價格販售。因為這項優勢，顧客給予的評價都很不錯。由於製作上比較耗時費力，採預約生產制。

費心處理添加的水果妥適地烘烤蛋糕體麵糊

以黑棗甜栗蛋糕為開端的蛋糕，擁有相當美味又潤澤的蛋糕體。這是在一開始將雞蛋混進奶油時，就必須使材料徹底乳化做成質地細膩的蛋糕體，才能完成濃郁味道與深刻口感。

齋藤主廚為了做出有理想嚼勁的口感，歷經多次嘗試，終於在使用相同比例的低筋麵粉（日清製粉「紫羅蘭（Violet）」）、高筋麵粉（日清製粉「山茶花（Camellia）」）、法國產麵粉（Farine de Pâtissèrie Type 55）的狀態下，做出理想的口感。

費心處理蛋糕體內混入的水果，也是齋藤主廚的風格。在黑棗甜栗蛋糕中，他混合了帶有適當酸味和甜味的黑棗。

半乾燥的黑棗一旦經過開水泡軟，只要用糖漿熬煮1天，就能輕易讓黑棗帶有味道，變得柔軟多汁。

例如用於水果蛋糕的水果就跟處理黑棗一樣，在弄軟之後，杏桃要用白葡萄酒和含有香草豆的糖漿浸漬；無花果只用含有香草豆的糖漿浸漬；葡萄乾則是用含蘭姆酒的糖漿浸漬。核桃必須充分烘烤誘出香氣。藉由加入突顯各水果風味的工法，能夠完成更具獨特風格的蛋糕。

倒進模具時用擠花袋擠入，將模具的底部在烤盤上輕輕敲幾下排出空氣，用手指按住模具的四個邊角以確實做出邊角形狀，再用橡皮刮刀將表面抹平。

烘烤特色則是以烤至蛋糕本身縮小而和模具之間出現空隙為止。出爐後注入糖漿軟化，可突顯粉類和奶油的香氣，並藉由完全受熱帶出粉的風味。

黑棗甜栗蛋糕會注入和栗子風味契合的核桃利口酒「Nocello」的糖漿，增添香氣與濃郁感。

pâtisserie Ciel bleu

店主兼主廚糕點師　**伊藤 嘉浩**

並非直率地發揮素材，偶爾也用獨特的方式表現蛋糕作品。「香橙巧克力蛋糕」是在巧克力和柳橙這兩個經典組合上，另外利用八角的香氣和達克瓦茲蛋糕（Dacquoise）的口感，使蛋糕充滿獨特個性。

別出心裁的花樣變化

水果蛋糕
→P.156

鮮橙無花果蛋糕
→P.158

香櫞蛋糕
→P.163

咖啡諾瓦蛋糕
→P.164

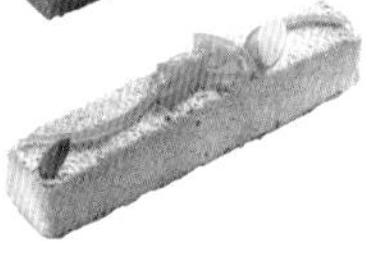

生薑黑蜜蛋糕
→P.173

Packaging

蛋糕的專用包裝，是採用能在冷藏展示櫃中兼顧預防乾燥等功能的透明盒。且使用銀色的橡皮圈固定商店標籤。用來送禮的暢銷商品「鮮橙無花果蛋糕」則是以真空包裝後再提供紙盒。任何蛋糕皆可採用真空包裝（須付費）或紙盒包裝。

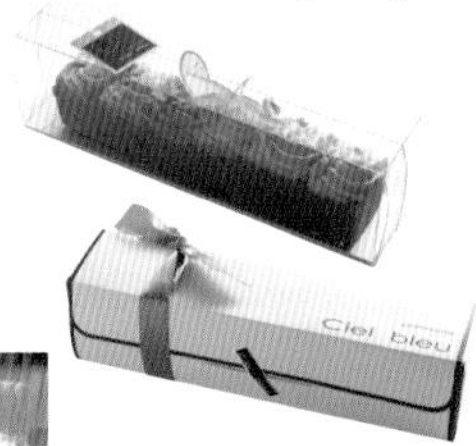

陳列在顧客容易注意到的帶餡甜點冷藏展示櫃的上層。保存在陰涼昏暗處則賞味期限為5天以內。唯「鮮橙無花果蛋糕」（真空包裝）需要冷藏，且賞味期限為2星期以內。

香橙巧克力蛋糕

蛋糕體

分別為「巧克力蛋糕體」以及放入八角的「達克瓦茲可可」這二層。巧克力風味濃郁的巧克力蛋糕體，混入了融化的巧克力做成潤澤口感，上面再擠入達克瓦茲可可，利用其輕盈感，為蛋糕增添變化。

內餡材料

巧克力蛋糕體中混入切碎的糖煮柳橙和巧克力芯片，為口感帶來變化。在達克瓦茲可可中加入八角粉，利用八角的香氣襯托出巧克力蛋糕的巧克力和柳橙風味。

模具尺寸

長22cm×寬4cm×高4cm

外層裝飾

巧克力芯片、糖煮柳橙、可可，以及同為堅果類的榛果。撒上糖粉和可可粉做出層次感。

加入八角的香氣
讓經典蛋糕展現獨特個性

香橙巧克力蛋糕

1條 900日圓（未稅）
供應期間　整年

材料和作法

香橙巧克力蛋糕

長22cm×寬4cm×高4cm的磅蛋糕模具
10條的量

蛋糕體

◎原味蛋糕體Pate cake

無鹽奶油……269g
橙皮（磨成泥狀）……1個的量
糖粉……162g
全蛋……235g
A［低筋麵粉……269g
　杏仁粉……135g
　可可粉……34g
　發粉……12g
甜巧克力……108g
牛奶……54g
糖煮柳橙（切至極細碎）或橙皮（切成3mm）……211g
巧克力芯片……95g

1. 將橙皮加到恢復至室溫的奶油內用攪拌機攪拌、混合。攪拌機持續攪拌至流程最後，並配合蛋糕體麵糊的狀態，以低速～高速邊調整邊攪拌。
2. 將糖粉加進**1**裡攪拌。
3. 一點一點地將全蛋加進**2**裡攪拌。
4. 將混合過篩好的A加進**3**裡充分混合、攪拌。
5. 加入隔水加熱融化的巧克力和牛奶。如果蛋糕體麵糊太硬，則將牛奶溫熱後再倒入；如果太軟，則牛奶冷卻後再倒入。
6. **5**混合完成後，加入糖煮柳橙或橙皮和巧克力芯片混合。
7. 從攪拌機上取下，用攪拌片從底部劃過般徹底混合。如果有攪拌不均勻的地方，則蛋糕體無法均等地膨脹起來，內餡材料也會偏向某一處，須格外注意。

◎達克瓦茲可可

蛋白霜
［蛋白……175g
　精製細砂糖……109g
A［杏仁粉……156g
　糖粉……62g
　低筋麵粉……30g
　可可粉……7g
　八角粉……2.8g

1. 混合蛋白和精製細砂糖，用攪拌機攪拌，讓空氣充分摻入，攪拌至舀起蛋白霜時能凝固不滴落為止。攪拌不足會使烘烤後的口感變差，膨鬆的份量感也出不來。攪拌時，也必須考慮到在擠出作業中通過花嘴的當下所產生的阻力，再充分攪拌備用。
2. 混合A，然後用另一種篩網再次過篩。不要選擇網眼太細的篩網，要使用杏仁粉顆粒能通過的篩網。因為網眼太細，會使杏仁粉易擠碎而滲出油脂。
3. 在**1**內加入**2**，用橡皮刮刀大略混合。注意不要過度混合，以免壓碎氣泡。

烘焙＆裝飾

酒糖液（Imbibage）（※1）
［柳橙汁（果汁100％）……75ml
　柑曼怡香橙干邑香甜酒（Grand Marnier）……18ml
　糖漿（波美比重計30°）……38ml
果醬（※2）
［杏桃醬……225g
　杏桃果泥……56g
糖粉、可可粉……各適量
榛果（烘烤的，切對半）……適量
糖煮柳橙……適量
巧克力芯片……適量

※1　酒糖液（Imbibage）
混合材料。
※2　果醬
混合材料，開火稍微燉煮一下，放涼備用。

1. 將原味蛋糕麵糊Pate cake裝進擠花袋（不裝花嘴）內，擠到有塗抹奶油（份量外）的模具內。
2. 將果醬放進裝有平口花嘴的擠花袋內，在**1**上縱向擠出1條。
3. 將達克瓦茲可可放進裝有較大的星形花嘴的擠花袋內，大量地擠在**2**的上面。
4. 將榛果和巧克力芯片散布其間，然後撒上可可粉、糖粉。
5. 使用上火設定為165℃、下火設定為150℃的烤箱烘烤約60分鐘。後半的25分鐘則前後方向對調，邊排氣邊烘烤。
6. 烘烤完成後立刻取下模具。冷卻後，除了上面和底部以外，所有側面皆均等地注入酒糖液。
7. 擺放裝飾用的糖煮柳橙細絲。

採用自我風格的變化方式 將以往學習的蛋糕經驗 轉化成獨自風味

伊藤嘉浩主廚在『HOTEL DE MIKUNI』的研修時代擔任處理烘焙甜點的職務，一天需要烘烤約700條蛋糕。當時在糕點師傅寺井則彥氏（現在「AIGRE DOUCE」的店主兼主廚糕點師）的指導下，學習蛋糕的各種製法和種類，才認識到不是只有單純的磅蛋糕而已。

回到出身地岡山縣，2007年在總社市開設自己的店之後，也是專心投入在烘焙甜點中，不管蛋糕的銷售是好是壞都依然繼續烘烤。當地是以大容量的磅蛋糕為主流，但伊藤主廚使用寺井主廚送給他的細矮型模具，貫徹「能以一口食用一切片的大小」的理念。

伊藤主廚認為：「整體來說已完成了調味，但有一部分放進口裡卻品嚐不到真正的美味。」此外，「能感覺到美味的量也非常重要。與其是大容量，還不如將所有滋味全部凝縮在一口裡。希望能用一口傳達美味。」

追根究柢，是因為伊藤主廚在修業時代曾跟隨兩位師傅學習，他始終記得要將所學放進蛋糕製作，並擴展成擁有自我風格的作品。其代表即是「香橙巧克力蛋糕」。

雖然是巧克力和柳橙的蛋糕，但放入口中後，法式達克瓦茲（Dacquoise）崩散，有意外香氣的「八角」柔和地擴散開來。巧克力和柳橙是經典組合，然而巧克力和八角也有契合的風味。

於是，伊藤主廚起了「既然如此，巧克力、八角、柳橙的組合應該也會很不錯！」的想法。他說，八角一旦散發香氣，就能讓巧克力和柳橙的輪廓更清晰立體。潤澤的巧克力蛋糕體當中藏有巧克力芯片和柳橙，讓口感充滿豐富變化。伊藤主廚說：「在固定的經典組合中另外增加一種素材就能變成獨創特色，我經常這樣思考材料搭配。」

八角是風味突出的食材，如果使用整個八角會使味道太過強烈，雖然是使用粉類，但太多或太少都會沒有效果。於是伊藤主廚經過多次嘗試，努力尋找具有飽滿香氣、適合這款蛋糕的份量。

結果，發現不是將香氣加進蛋糕體內，而是做成八角風味的法式達克瓦茲疊放上去，製造出一口當中不均勻的香氣，讓蛋糕整體風味呈現立體感。

此外，厚重的蛋糕體和輕盈的達克瓦茲也為口感帶來豐富變化。然而，蛋糕體麵糊和達克瓦茲的比例在烘烤後是4比1，不管怎麼說，蛋糕體才是主角。

伊藤主廚心目中的理想蛋糕體口感，是質地細緻卻又不會太過緊實，有適當潤澤感與好入口的輕盈感。要做出潤澤感，關鍵在於水的份量；要呈現細緻質地與輕盈感，關鍵則在摻入空氣的方法和蛋糕體的溫度。「香橙巧克力蛋糕」是用糖油拌合法製成的巧克力蛋糕，但卻是以融化的巧克力和牛奶調整水的份量，並讓奶油摻滿充足的空氣。然而太過輕盈會不像是蛋糕，於是決定在加入粉類後也一樣用攪拌器打發，使麵糊內稍微出現少許麩質。

麵糊內若加入冰涼的材料，整體便會冷卻凝縮；加入溫熱的材料則會變得稀疏滑順。

準備烘製的最後溫度若是偏低，烘烤後會偏厚重；溫度若是偏高，則會烤出輕盈的蛋糕體口感。製作這個蛋糕時，伊藤主廚使用容易加熱或冷卻的牛奶調整溫度。蛋糕體的完成溫度雖然沒有用數字決定要幾度，但是會用手的感覺判斷。

為了傳達美味 也要在方法上放入巧思

伊藤主廚認為，比起視覺吸引力，口味才是第一。但是他依然會在蛋糕上施加裝飾，並陳列在帶餡甜點的冷藏展示櫃上層。這是因為他認為就連樸實的甜點也只要透過裝飾以及擺放在容易聚焦的位置，就能更容易地受到矚目。為了因應大範圍客層的喜好，他也增加了不同口味的多種類型。

此外，他還說：「人們對不熟悉的甜點容易卻步。不妨先吃吃看再說。」而在店內提供試吃服務。同時，他也非常重視與顧客間的談話。最近也有因顧客要求而固定推出能感覺到手感效果的蛋糕款式。「我希望能做出像帶餡甜點般平時家人團聚享用的日常點心。」

pâtisserie plaisirs sucrés

店主兼主廚糕點師　**河出 啟志**

想像南方國家，以椰子和鳳梨為主角的蛋糕。椰子使用細緻的椰絲，再用杏仁粉做出潤澤適中的蛋糕體。完成品再用椰子利口酒增添風味。

別出心裁的花樣變化

巧克力長條蛋糕
→P.160

杏仁栗子長條蛋糕
→P.166

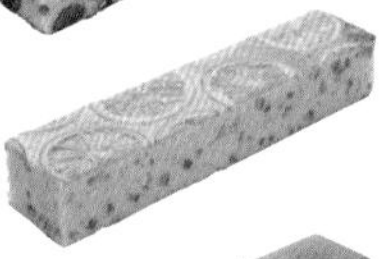

香橙長條蛋糕
→P.170

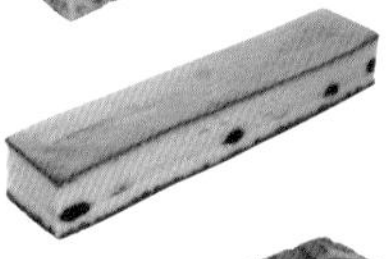

舒芙蕾乳酪蛋糕
→P.175

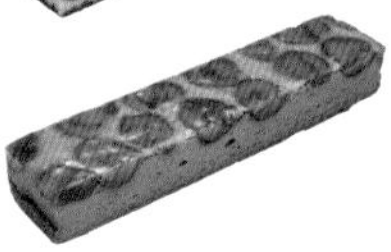

抹茶起司舒芙蕾
→P.176

Packaging

蛋糕會密封，再放入專用的白色紙盒（100日圓，含稅），然後用專用的包裝紙包裝。包裝紙會依季節變換設計，也提供適用喜慶或喪儀的包裝紙。

同樣大小的蛋糕整齊劃一地陳列在店內一隅，吸引顧客目光，具有能同時比較數種蛋糕的樂趣。配色重視強弱，也能刺激顧客對味道的想像。

椰子長條蛋糕

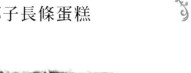

蛋糕體

在奶油、砂糖、粉類、雞蛋幾乎等量的標準型原味蛋糕體Pate cake當中，加入椰絲和杏仁粉的蛋糕體。利用纖維細緻的椰子增加圓潤輕盈感，也用杏仁帶出潤澤感。

內餡材料

用奶油和砂糖拌炒與椰子調性契合的鳳梨，再用黑胡椒和蘭姆酒增添香氣。利用「拌炒」蒸散水分，讓風味凝縮在材料中，再混進蛋糕體麵糊內。

模具尺寸

長50cm×寬34cm×高4cm的模具
※1片為12條蛋糕的量。

外層裝飾

將放入蛋糕體麵糊中相同的椰絲散布在蛋糕表面。以這種簡約的設計，簡潔地傳遞出蛋糕內容。

椰子長條蛋糕

1條 1150日圓（含稅）
供應期間　整年

包裹著南國香氣的蛋糕體
利用椰子和杏仁，增添潤澤柔軟的口感

材料和作法

椰子長條蛋糕

長50cm×寬34cm×高4cm的模具1片的量
（蛋糕12條的量）

蛋糕體

發酵奶油（明治）……………649g
精製細砂糖……………………506g
杏仁粉（無皮）…………………97g
椰絲（Coco Râpé）（椰蓉）……168g
低筋麵粉………………………633g
發粉………………………………17g
全蛋……………………………591g
拌炒鳳梨＊1………………下述全量

1. 將濃稠膏狀的奶油和精製細砂糖放進攪拌機，用電動攪拌器攪拌。
2. 充分混合了之後，加入杏仁粉和椰絲。
3. 將全蛋分數次加進**2**內，每次加入時都要用電動攪拌器攪拌。
4. 先將低筋麵粉、發粉混合過篩，再用手混合粉類。當蛋糕體麵糊攪拌至出現光澤時，即加入拌炒鳳梨均勻混合。

＊1　拌炒鳳梨

鳳梨（完熟黃金鳳梨）…………550g
精製細砂糖………………………46g
發酵奶油（明治）………………25g
黑胡椒（粗度研磨）……………適量
蘭姆酒（Negrita公司，DOUBLE AROME）………………………15ml

1. 鳳梨切成約8mm的立方體。
2. 在平底鍋內放入奶油、精製細砂糖、**1**，稍微拌炒一下。
3. 充分拌炒熟透後加入黑胡椒，再用蘭姆酒燒一下。

烘焙＆裝飾

酒糖液（Imbibage）＊2…下述全量
杏桃醬（店家自製）……………適量
椰絲（Coco Râpé）（椰蓉）……適量

1. 在鐵盤上擺放模具烤盤布，在整個模具內側鋪上型紙，將混合完成的蛋糕體麵糊倒進去。
2. 使用上火和下火都設定為170℃的烤箱烘烤約45分鐘。
3. 烘烤完成後立刻將上下翻過來取下紙型，蒸散多餘的水分，讓蛋糕體的氣孔不阻塞。
4. **3**趁熱倒入酒糖液燒一下。
5. 剛出爐的熱度散去後，薄薄塗抹一層杏桃醬，然後在整個表面撒上椰絲裝飾。
6. 將邊緣四周切齊，再切成23cm×5cm的長方形12條。

＊2　酒糖液（Imbibage）

水………………………………118ml
精製細砂糖………………………83g
馬利寶蘭姆酒（Malibu Rum）（椰子風味的利口酒）…………………15ml

將水和精製細砂糖煮沸，冷卻後加入椰子風味的馬利寶蘭姆酒做成糖漿。

嚴守製法的基本原則與成品的風味和香氣息息相關

目標南國印象的長條蛋糕。主材料選用椰子，再搭配鳳梨。

蛋糕體的基底是以糖油拌合法製作的原味蛋糕麵糊Pate cake。在裡面加入椰絲和杏仁粉，然後混入拌炒過的鳳梨。椰子依纖維長度而有各式各樣的種類。越粗的越有粗糙椰子感，但這款蛋糕使用符合椰子粉細緻程度的纖細椰絲。

雖然纖維越細越不容易有存在感，但卻能在入口時讓風味變得柔軟。鬆脆略粗糙的口感是椰子的特色，但是蛋糕的柔軟度也相當重要，因此使用纖細椰絲並加入杏仁粉，以增加潤澤口感。

首先，充分加入奶油和精製細砂糖增添香味及濃稠度（此做法稱為monter au beurre），然後添加椰絲和杏仁粉。其次是添加雞蛋使材料乳化，但重要的是材料的溫度。假設室溫在20℃，麵粉和砂糖的溫度就必須在低3℃的17℃左右。

奶油乳脂性的作用溫度帶是18～20℃，但河出主廚使用的是發酵奶油，抗熱強的部分在22℃以下都能製出良好狀態。

即使攪拌前的奶油溫度達18℃，只要室溫在25℃，則攪拌中的溫度會因空氣熱和摩擦熱而超過25℃，造成體積下降。加入的雞蛋、麵粉、搭配用的食材等如果溫度太高也會引起同樣情形。

此外，這些材料的溫度太低時，奶油可能會凝固而產生油水分離。「從完成品的溫度往回推算這些條件，調整準備過程。」這款蛋糕的完成溫度約23℃，巧克力蛋糕體等基底的溫度會再更高一些。

使用簡樸蛋糕體的甜點，無論是溫度管理還是攪拌法，仔細進行可謂為「基本中的基本」的部分，將會大幅影響完成品的風味、香氣、口感。特別是要在奶油（油脂）中加入雞蛋（水分）時必須集中注意力。

低筋麵粉務必用手混合。攪拌器只能橫向旋轉，用手直向橫向交互混合會比較均勻。混合粉類的標準在於麵糊出現光澤時即可停止，然後加入拌炒好的鳳梨。

拌炒是為了加熱以蒸散水分，讓風味凝縮在食材內。使用的黃金鳳梨（POKKA Golden PINEAPPLE）是菲律賓生產，以甜味濃郁、果肉柔軟為特色。天然食材在味道上略有偏差，可增減精製細砂糖的份量，或是加果汁調整。增添香氣的香料使用黑胡椒。

八角也很適合用於鳳梨，但八角有一種民族風的氣氛，因此這次選用黑胡椒。使用黑胡椒是為了增加香氣而不是要它的辛辣味，因此使用粗度研磨的產品。

蘭姆酒具有南國材料這項共同點的重要要點，因此使用散發木桶味、濃醇且能突顯潘趣酒的DOUBLE AROME。火燒加熱蒸散酒精，只留下香氣就完成了。

充分考慮多人共享及保存的容易程度

「椰子長條蛋糕」正如河出主廚所想，是回客率極高的蛋糕。「椰子長條蛋糕」以外的多種長條蛋糕，雖然也是相同的尺寸，但與其說是同系統的變化，反而各自有其獨特個性。它們的共同點，是當初設計時都設定成多人數共享。為使各種喜好不同的人皆能開心享用，而採用風味相近、容易理解的設計。

「多人共享」這個方向，也是整間店的理念主軸。如同店名『plaisirs sucrés』＝砂糖（甜點）的玩心，河出主廚挑選陳列商品的基準是按照順序評估，首先是必須有糖類甜點，其次是樸素的烘焙甜點，最後才是需要精湛技巧的帶餡甜點。

他還說：「希望能成為即使只買1塊小餅乾也能放心進來選購的店。」正因為有這種想法，所以也有另外販售切得小一點、做成「點心」感覺的蛋糕。

Pâtisserie Miraveille

店主兼主廚糕點師　妻鹿 祐介

質地緊緻，卻口感柔和。整體散發出不強烈卻依然能感覺到香料風味與洋酒香氣的氣氛。巧克力蛋糕體擁有高尚的風味，訴說著蛋糕本身勻稱且恰到好處的結構以及糕點師精細的技法與巧思。

別出心裁的花樣變化

香橼蛋糕
→P.167

無花果蛋糕
→P.171

水果內餡蛋糕
→P.156

圓拱雙層蛋糕
→P.174

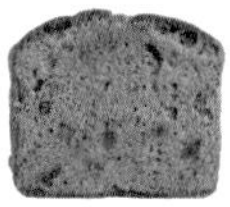

抹茶蛋糕
→P.176

陳列在烘焙甜點架檯的上層，下層則擺放切片販售的蛋糕。整條的和切片的種類不同，不提供整條蛋糕的切片販售。

Packaging

使用符合閑靜住宅區氣氛的專用紙盒（170日圓，未稅）。以褐色系統一色調，可適用於廣泛用途。

黑棗巧克力蛋糕

蛋糕體

在糖油拌合法製成的原味蛋糕麵糊Pate cake上，利用杏仁膏添加杏仁風味做成蛋糕體基底，再利用甘納許呈現巧克力風味。沒有過度摻入空氣，讓口感綿密又美味。

內餡材料

放入用干邑甜酒浸漬的黑棗。浸漬後擺放3天。由於干邑甜酒的份量少，因此僅是在黑棗的表面稍有浸透的程度而已，不會強烈地感覺到酒精味。

模具尺寸

長12cm×寬6.5cm×高6.5cm

外層裝飾

烘烤前先用奶油在蛋糕體的表面上劃出1條線。烘烤完成時，便會沿著奶油的線裂開，讓整條蛋糕展現獨特表情。

特殊的香料和干邑甜酒的香氣
誘發出更深層的美好滋味

黑棗巧克力蛋糕

1條 910日圓（未稅）
供應期間　整年

材料和作法

黑棗巧克力蛋糕

長12cm×寬6.5cm×高6.5cm的蛋糕吐司方型模具
10條的量

蛋糕體

杏仁膏（KONDIMA公司「Rohmarzipan」）……250g
精製細砂糖……345g
無鹽奶油（雪印乳業，低水分奶油）……330g
全蛋……410g
低筋麵粉……185g
高筋麵粉……185g
發粉……5g
可可粉……80g
肉桂粉……6.5g
57%甜巧克力（OPERA公司）……130g
牛奶……260ml
黑棗（半乾燥的，DGF公司，阿讓（Agen）產）……630g
干邑甜酒（Vosges公司）……35ml

1. 將黑棗切成1.5cm的塊狀，再將干邑甜酒搓揉進去，直接靜置三天。
2. 在巧克力中加入溫熱的牛奶攪拌混合，製作甘納許。
3. 在攪拌盆內放入杏仁膏和精製細砂糖，用電動攪拌器攪拌混合，讓杏仁膏鬆開。
4. 將恢復至室溫的奶油一點一點加進**3**內攪拌出泡沫。不要攪拌過度，攪拌至能夠連接的程度即可。
5. 將全蛋分數次加進**4**內，使其乳化。混合的過程中，如果蛋糕體麵糊的狀態已達肉眼可見的緊緻狀態時，便充分攪拌使其乳化，然後加入剩下的蛋混合。
6. 將低筋麵粉、高筋麵粉、發粉、可可粉、肉桂粉混合並過篩，加進**5**內，攪拌到看不見粉末顆粒為止。
7. 將冷卻至常溫的**2**的甘納許加進**6**內，攪拌混合。從攪拌機上移開。
8. 將**1**的黑棗加進**7**內，用手混合並避免弄爛黑棗。

烘焙＆裝飾

無鹽奶油……適量

1. 在模具內塗抹無鹽奶油和高筋麵粉（兩者皆為份量外），將蛋糕體麵糊分成各275g倒入。
2. 將變軟的奶油裝進圓錐形的擠花袋內，在蛋糕體表面上擠出1條線。
3. 使用上火設定為180℃、下火設定為160℃的烤箱烘烤約40分鐘。
4. 烘烤完成後從烤箱中取出模具，再將蛋糕從模具中取出。

香氣、口感的平衡 構成味道細膩的蛋糕體

妻鹿祐介主廚於2011年開設法式蛋糕店『Pâtisserie Miraveille』。他出身於『le plaisir』（目前歇業），表示曾受到坊佳樹主廚極大的影響。其中，製作時經常思考平衡度，也是從坊主廚的態度中學來。

「黑棗巧克力蛋糕」所追求的目標是「專屬大人的奢華蛋糕」。具體而言，它是有著香料與杏仁的香味，也能感受到些許酒味，不是只有甜味的巧克力蛋糕體。

口感最好不要太鬆軟，並加入肉桂粉增添香料的味道，黑棗則浸泡在干邑白蘭地內，入味後添加到蛋糕體中呈現酒味。製作時必須調整兩者的份量，避免味道太突出，形成均衡的絕佳滋味。

步驟是先混合生杏仁膏與精製細砂糖，然後混入奶油。把糖類加到奶油裡是一般作法，雖然與平常加入的順序相反，但只是作業上的問題，結果是相同的。

「這個方法是利用精製細砂糖讓生杏仁膏化開，此時逐漸添加回到室溫的奶油便不容易結塊，可滑順地混合。」奶油過度打發會使蛋糕體麵糊變得乾硬，所以打發到整體均勻即可。「打發後只會有份量感，但感覺味道也會變淡。實際上或許並沒有變淡，但我想避免麵糊變得柔軟。」他不希望打發後麵糊混入過多的空氣。

只要掌握「重點」 乳化並不難

接著最常見的問題是雞蛋的乳化。妻鹿主廚是以和巧克力乳化過程相同的方式進行。「麵糊剛開始加入雞蛋的時候還沒有乳化。加入3分之1或一半的雞蛋時，麵糊會突然變緊實。明明加入的是雞蛋這種『液體』，但液體卻消失，變成美乃滋般濃稠又柔軟的感覺。

這不是感覺上的問題，只要留心一眼就能看出狀態的改變。」開始加入雞蛋時要集中精神捕捉那一瞬間，並且確實攪拌。

「一旦乳化之後，接著以延展麵糊的感覺，逐漸加入剩下的雞蛋就沒有問題了。」以前學到的是雞蛋的添加量增加後便不容易乳化，現在反而覺得只要掌握住這個重點就行了。

接著加入粉類，再加入甘納許與黑棗，然後才倒進模具中。他對於模具很講究，使用法國「Matfer」的蛋糕吐司方型模具。「厚重」的外型是他最愛的一點。其次，切片時的份量感很適合蛋糕。

雖然纖細的模具漂亮時髦，但是一口的份量感覺太少。他希望蛋糕有「滿足感」。這一點，用蛋糕吐司方型模具烘烤切片後，不僅形狀漂亮，入口時也有滿足感。

烘烤結束後，直接以「蛋糕烤好的狀態」販售。雖然簡單，但表面的裂紋不禁令人開始想像內層的美味。這些裂紋看似自然隆起，其實是在烘焙前的麵糊上淋上奶油使之容易裂開。「我覺得不加裝飾可保存更久。」妻鹿主廚說，這就是他唯一施加的「裝飾」。

『Pâtisserie Miraveille』的展示櫃五顏六色地陳列了設計精緻的帶餡甜點。

蛋糕反而算是樸素的點心。雖然妻鹿主廚說：「我的確是刻意製作稍微奢華的點心，並沒有特別精心設計。」但現有的6種皆是不同的蛋糕體，以不同的構想製作，內容十分充實。

有使用液態奶油的「香橼蛋糕」，或以德式點心「圓拱雙層蛋糕」為基底並使用杏仁酒加強杏仁味的蛋糕等。從各個蛋糕的滋味，感受到他認真地面對甜點，堅持做到滿意的態度。

PÂTISSERIE APLANOS

店主兼主廚糕點師　**朝田 晉平**

焦糖是主廚本身極喜愛，且在店內頗受歡迎的素材。以白蘭地提高風味的焦糖奶油，充分地和口感扎實的蛋糕體麵糊混合烘烤，再裝飾帶有清新感的糖煮杏桃。

別出心裁的花樣變化

水果蛋糕
→P.157

焦糖西洋梨蛋糕
→P.161

鮮橙巧克力蛋糕
→P.165

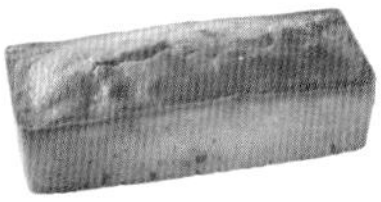

晚柑蛋糕
→P.169

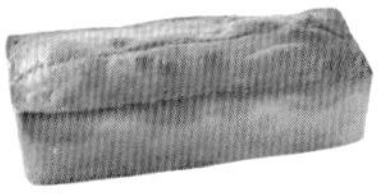

番茄蛋糕
→P.175

Packaging

每條蛋糕皆個別裝入OPP袋販售。提供蛋糕專用的禮品紙盒（免費）。也另外提供上下兩層可混裝使用的禮品紙盒（單層200日圓、雙層300日圓，皆未稅）（照片右下為雙層類型）。

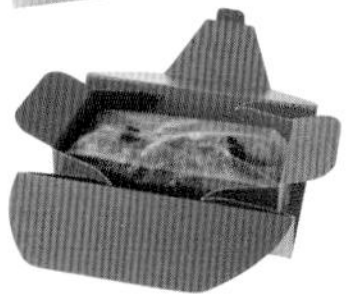

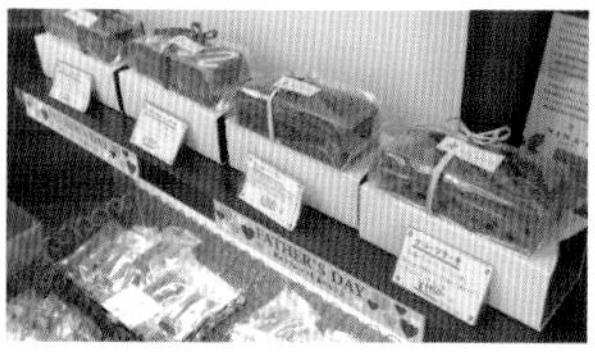

店內陳列方式為整條販售的擺放在禮物紙盒上，切片販售的排列在精緻的籃子內。價格牌上有標記商品說明。

焦糖杏桃蛋糕

蛋糕體

混合低筋麵粉和高筋麵粉製作扎實口感，加入杏仁粉，製成濃郁潤澤的蛋糕體麵糊。白蘭地風味的焦糖奶油具有苦味、甜味、香氣等效果。

內餡材料

去除糖煮杏桃（罐裝）的內核，切成約1cm的塊狀，混進蛋糕體麵糊內。

模具尺寸

長18cm×寬5.5cm×高5cm

外層裝飾

烘烤期間，擺放對切成半且去除內核的糖煮杏桃，然後繼續烘烤，完成後在上層的整個表面塗上杏桃風味的鏡面果膠。

人氣極高的焦糖蛋糕體
搭配杏桃的爽快酸味

焦糖杏桃蛋糕

1條 1550日圓（未稅）
半條 830日圓（未稅）
1切片 185日圓（未稅）
供應期間　整年

材料和作法

焦糖杏桃蛋糕

長18cm×寬5.5cm×高5cm的磅蛋糕模具
2條的量

蛋糕體

無鹽奶油（明治）……………145g
精製細砂糖……………………127g
全蛋……………………………135g
焦糖奶油（完成量當中的）……93g
- 精製細砂糖…………………800g
- 38％鮮奶油…………………400g
- 白蘭地…………………………40g

杏仁粉……………………………80g
A
- 低筋麵粉……………………80g
- 高筋麵粉……………………45g
- 發粉……………………………1.7g

糖煮杏桃………………………160g

1. 在REGO電動攪拌機內放入已軟化的無鹽奶油和精製細砂糖，攪拌到變白為止。
2. 將全蛋溫熱至人體肌膚的溫度，再分數次加進去，讓內容物充分乳化。
3. 製作焦糖奶油。在鍋裡拌炒精製細砂糖至微焦，呈現適當的焦糖狀後關火，在即將沸騰前倒入溫熱的鮮奶油攪拌。過濾後，待剛出爐的熱度散去，倒入白蘭地混合。
4. 將焦糖奶油93g加熱至20～25℃，調整成和**2**相近的硬度，加進**2**裡，使它乳化成滑順狀態。
5. 加入杏仁粉和已過篩且混合好的A，混合攪拌至均勻狀態。
6. 去除糖煮杏桃的內核，切成1cm塊狀，加進**5**內混合。

烘焙＆裝飾

糖煮杏桃
（對切成半且已去除內核的）
……………………………………6個
杏桃風味的鏡面果膠……………適量

1. 模具內緊密地鋪上烤盤紙。倒入蛋糕體麵糊，讓中心呈現略凹的錐形，再使用上火設定為170℃、下火設定為150℃的烤箱烘烤約20～30分鐘。在每條蛋糕的表面上裝飾3顆對切成半的糖煮杏桃，再將烤盤的前後方向對調，繼續烘烤約25～35分鐘。
2. 將模具底部在烤盤上輕輕敲幾下，從模具中取出。剛出爐的熱度散去後，在上層的表面處塗抹杏桃風味的鏡面果膠。

豐富的種類與尺寸齊備 提供愉快的選購樂趣

朝田晉平主廚進入飯店的製菓課後，又在多間飯店擔任過主廚糕點師及行政糕點主廚等職務，且國內外比賽皆頻頻獲獎。

2011年9月，他在埼玉武藏浦和開設自己的店『PÂTISSERIE APLANOS』。說到他飯店出身的主廚背景，製作的甜點必然給人洗鍊成熟、豪奢精緻的印象，但是他在『PÂTISSERIE APLANOS』製作的甜點和包裝，卻採用簡約甜美又親切的設計。

泡芙、布丁、瑞士捲、水果蛋糕等市區街上的西式甜點店必備的商品，在他的店裡通通買得到。

而且店內更有特色的一點是，如果提到泡芙，他會改變奶油泡芙內餡和奶油的種類，大約有3種變化，即使是相同的品項，也能提供客人口感和風味截然不同的商品。「提供的甜點品項數量眾多，且各品項的變化也相當豐富。

我希望能打造出顧客在挑選商品時會感覺到有樂趣、前來時會滿懷期待又愉快的店。」

不僅如此，他還根據用途以及品嚐人數，對相同甜點設計不同的大小，這也是朝田主廚特有的貼心巧思。蛋糕也同樣在平時備有約5種，且提供整條、半條、切片等3種尺寸販售。朝田主廚表示：「帶餡甜點賣得比較好，不過，烘焙甜點在中元節或歲暮等節慶活動時作為送禮使用的需求較多。也是營業考量上的重要品項。」為了因應廣泛需求才規劃出豐富多種的尺寸供民眾選擇。

據說，即使是將相同的麵糊用尺寸不同的模具烘烤，只要在烘烤時控制好適合模具的溫度和時間，就通通不會有問題。

同時也追求新穎素材 外層裝飾走簡約風格

『PÂTISSERIE APLANOS』店內每一種蛋糕的外層裝飾都很簡約，甚至遍及店內所有的烘焙甜點。這是因為民眾用來送禮而要求配送的情形遠比買回家享用更高出許多，為了避免運送時崩塌，才大膽地減少裝飾。然而，顧客如果有特別要求，也會在允許的範圍內進行裝飾，以隨機應變的方式盡量滿足顧客。

朝田主廚偏好的蛋糕體是厚重又潤澤的類型，蛋糕也是以做成質地細膩且潤澤豐滿的蛋糕體較多。

焦糖是朝田主廚非常喜歡的素材，在他的「焦糖杏桃蛋糕」中，便稍微加強了焦糖的苦味來襯托水嫩多汁的糖煮杏桃的酸味。蛋糕體內的杏桃口感，與添加了杏仁粉的潤澤蛋糕體，呈現出絕佳均衡感。

裝飾簡約，在烘烤期間擺上糖煮杏桃後再次烘烤。如此，蛋糕體有自然的潤澤感，不必另外添加利口酒類的香氣，因此不需要酒糖液，直接以杏桃風味的鏡面果膠塗抹完成。

製作蛋糕體麵糊時，重點是要讓油脂（奶油）和水分（雞蛋）充分乳化，尤其是「焦糖杏桃蛋糕」或「焦糖西洋梨蛋糕」等焦糖類的蛋糕，它們的水分較多，必須要徹底乳化成滑順融合的狀態才行。店內使用的德國製REGO電動攪拌機具備促進乳化步驟的功能，可在製作蛋糕體麵糊時靈活運用。

將蛋糕體麵糊倒入模具的步驟中，必須讓中心呈現略凹的錐形倒入，但如果凹陷地太深，烘烤後邊緣四方會形成偏硬的線狀突起，所以倒入時只要稍微下凹即可。

店內也有在蛋糕當中利用洋酒香氣展現美味的類型，例如「鮮橙巧克力蛋糕」使用了索米爾橙皮甜酒（Saumur Triple Sec）；「水果蛋糕」則是使用蘭姆酒。它們各自在烘烤後注入洋酒，然後用鋁箔紙覆蓋在常溫下靜置一晚，讓洋酒的香氣能散發到整個蛋糕體。

朝田主廚也積極採用至今尚未用在西式甜點的素材，例如熊本縣天草市名產「晚柑」或埼玉縣所開發之高糖度的小番茄「草莓番茄（Tomato-berry）」等，將這些素材運用在蛋糕中，獲得不少好評。

LE PÂTISSIER T.IIMURA

店主兼主廚　**飯村 崇**

在使用精緻砂糖提高潤澤感的蛋糕體麵糊內，加入甜巧克力增加濃郁感和風味。可以盡情享受浸泡在蘭姆酒糖漿內的蛋糕體與4種果乾調和出來的獨特風味。

別出心裁的花樣變化

水果風味蛋糕
→P.157

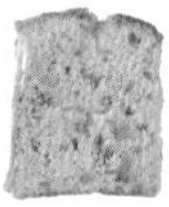

焦糖果乾蛋糕
→P.161

大理石蛋糕
→P.164

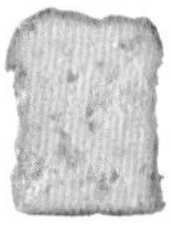

柳橙果乾蛋糕
→P.170

Packaging

裝入高級紙盒（免費）內，展現高級感。採用白色紙盒以襯托暗色蛋糕的色澤，並使用原色緞帶繫上蝴蝶結，使整體充滿華麗感。「綜合果乾」類型以整條販售（切片販售的烘焙方式和模具尺寸會有所不同）時會繫上粉紅色蝴蝶結，巧克力口味則使用紅色蝴蝶結。

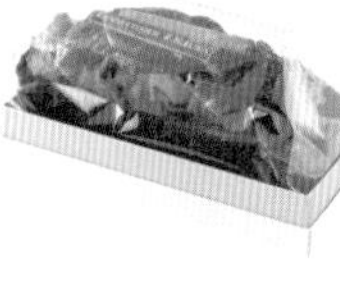

蛋糕的樣本以打開盒蓋的方式陳列。現貨蛋糕則以裝入紙盒的狀態陳列，以縮短供應時的包裝時間。

綜合果乾巧克力蛋糕

蛋糕體

在低筋麵粉中加入相同份量的高筋麵粉，展現充滿咬勁的口感。使用精緻砂糖提高保溼性，完成帶有潤澤感的蛋糕體。烘烤後在每個模具內倒入多一些加了蘭姆酒的糖漿約40ml，賦予完成品高保溼性和高蘭姆酒香氣等特色。

內餡材料

使用葡萄乾、柳橙乾、櫻桃乾、蘋果乾等4種果乾。在混合蛋糕體麵糊和內餡材料時，將水果果實搗碎，用電動攪拌器攪拌至碎末狀，讓水果的風味與甜味徹底薰染在蛋糕體當中，使口感更加出色。

模具尺寸

長17cm×寬5cm×高5cm

外層裝飾

在蛋糕表面薄薄塗一層杏桃醬，以黑棗、白無花果、杏桃、榛果均勻裝飾。然後再均勻地塗一層杏桃醬增加光澤，擺放肉桂棒作為造型亮點。

用水果大膽裝飾
演出濃郁厚重的氣氛

綜合果乾巧克力蛋糕

1條 1600日圓（未稅）
供應期間　整年

綜合果乾巧克力蛋糕

長17cm×上部5cm（底部4.5cm）×高5cm的模具
10條的量

蛋糕體

無鹽奶油（高梨乳業）…………600g
精緻砂糖…………………………400g
56%巧克力（VALRHONA法芙娜公司「CARAQUE」）……………120g
全蛋………………………………620g
A 低筋麵粉……………………280g
　高筋麵粉……………………280g
　發粉…………………………13.5g
　可可粉…………………………50g
　肉桂粉……………………………4g
綜合果乾（葡萄乾、柳橙、櫻桃、蘋果）……………………………1200g
黑蘭姆酒…………………………125g

1. 在綜合果乾上淋上蘭姆酒，靜置半天備用。
2. 在攪拌盆內放入膏狀的奶油、精緻砂糖，用中高速攪拌至變白為止。
3. 以隔水加熱的方式融解，將巧克力調整至35℃後加進**2**裡，以中低速均勻攪拌。
4. 將已恢復至常溫的雞蛋打散，分5～6次加進**3**裡，再以中低速混合使整個材料乳化。
5. 在**4**中加入已過篩且混合好的A，整體以低速混合攪拌至均勻狀態。
6. 在**5**中加入**1**，以低速混合至水果果實搗碎的程度。

烘焙＆裝飾

〈約3條的量〉
糖漿（波美比重計30°）………100g
黑蘭姆酒…………………………30g
杏桃醬……………………………適量
裝飾用的果乾（黑棗、白無花果、杏桃）………………………………適量
榛果………………………………適量
肉桂棒……………………………適量

1. 模具內鋪上烤盤紙備用。
2. 在**1**的模具內倒入蛋糕體麵糊，用手輕敲模具排出空氣。以165℃的對流烤箱烘烤約45分鐘。
3. 從模具中取出，放在烤網上等剛出爐的熱度散去。在上層表面和側面浸泡波美比重計30°的糖漿和蘭姆酒混合後的糖漿（每條約40ml），靜置在冰庫內大約1星期。
4. 將**3**放回至常溫後，在上層的表面薄塗一層杏桃醬，再均勻地擺放裝飾用的果乾和榛果。再次均勻地塗抹杏桃醬，最後擺上肉桂棒裝飾就完成了。

考慮到客人多拿來送禮而添加鄭重的裝飾！

飯村崇主廚所製作的水果內餡蛋糕「水果風味蛋糕」，是他在20年前研習時學到的蛋糕之一。這個味道使他大受感動，因此從未改變調配方式與作法，一路持續製作至今。

原本只有原味，在增加蛋糕種類之時，構思了「綜合果乾巧克力蛋糕」。在原味麵糊的材料中，加入可可粉、肉桂粉、巧克力，並減少麵粉量。

另外，飯村主廚將民眾購買蛋糕的目的定為「送禮使用」。「在用來送禮的情形下，非常需要在外觀上展現特別華麗與鄭重的感覺。假設是在家人朋友歡聚的紀念日或派對上使用，讓想像力盡情延伸。」

這次的「綜合果乾巧克力蛋糕」，上面的食材力求裝飾得有立體感，表現得很鄭重。黑棗、杏桃、白色無花果不必切得太細，裝飾時大塊堆疊，中間添加肉桂棒作為視覺上的強調重點。

此外，這種蛋糕有兩個特色。一個是入口瞬間隨即擴散的強烈蘭姆酒香氣。蘭姆酒的風味與水果熟成的甜味與風味調和，產生舒服的餘韻。講究之處在於蘭姆酒的份量，主廚刻意使用比基本份量更多一些的蘭姆酒。蘭姆酒混合糖漿後在每條蛋糕注入約40ml，強調蘭姆酒的香氣與風味。白蘭地或餐後甜酒等酒類也和味道很搭配。

第二個特色是使用精緻砂糖。不用精製細砂糖而使用精緻砂糖能表現出與水果很搭的強烈甜味。另外，保溼性提高也能使完成的蛋糕體具有潤澤感。

而調配在麵糊裡的巧克力使用VALRHONA法芙娜公司的「CARAQUE」。可可強烈的風味與甜味非常均衡，因為這個魅力才選擇它。巧克力融化後調整成35℃，再和奶油一起乳化。要是溫度太高，奶油融化則麵糊就會鬆弛。

依整條販售與切片販售等類型下工夫改變蛋糕體的口感

飯村主廚如此定義：「所謂蛋糕，就是享受熟成後滋味變化的點心。」「比起享用蛋糕體本身，品嚐當中的水果才是『蛋糕』的重點，我所製作的蛋糕基本上都會放入水果乾。」另外，依照整條販售型與切片販售型的差異，改變蛋糕體的口感，這一點也是飯村主廚的特色。整條販售型是充分烘焙後用火烤成有咬勁的口感。切片販售型則在蛋糕體中保留水分，使用比整條販售型更大的模具烘焙，烤出柔軟的口感。他說原因在於客人享用蛋糕的情境。

整條販售型是設想為多人食用。因此，是和酒類與紅茶等飲料一起悠閒享用的蛋糕，所以蛋糕體必須確實烘烤。另一方面，切片販售型是設想為邊工作邊拿來吃的情境，希望不配飲料也很好吃，因此做成鬆軟一點的口感。

展開變化的重點是「蛋糕體、水果、利口酒三位一體」。「想要怎麼呈現蛋糕體的味道，必須考慮水果種類與搭配方式、利口酒的種類與份量斟酌等3種食材的融合，然後多次嘗試、反覆試作。基本原則和思考帶餡甜點時相同。」

用來送禮的包裝，採用襯托蛋糕顏色的白色蛋糕盒，繫上鮮紅色緞帶洋溢特別的感覺。為避免摺疊袋沾到表面的果醬，採用較寬鬆的尺寸。蛋糕上塗抹的果醬份量也要斟酌，以免弄髒袋子，思考如何讓客人乾乾淨淨地帶回家。

切片蛋糕會在放入酒精類的食品鮮度保持劑（Furetic）後才密封，因此能將保存期限設定為較長的1個月。食品鮮度保持劑與除氧劑不同，保溼性較高，食品也不容易變色。也幾乎不會沾染酒味，在保持美味這一點也很出色。

Comme Toujours

店主兼主廚糕點師　**蜂谷 康倫**

本篇介紹的蛋糕是蜂谷康倫主廚的簡約蛋糕中，非常能感受玩心的一道佳作。他巧妙運用氣泡的蛋糕體，與奶油飽滿的味道及奶香濃郁的白巧克力調和，再加上飄散鼻腔的紅茶香氣，令人充滿期待。

別出心裁的花樣變化

巧克力蛋糕
→P.159

大理石蛋糕
→P.164

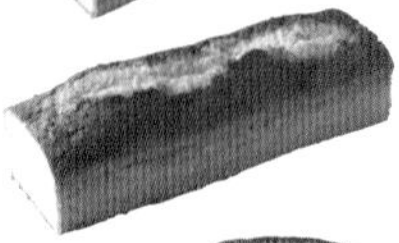

香草蛋糕
→P.173

水果內餡蛋糕
→P.157

焙茶黑糖蛋糕
→P.176

Packaging

能依照顧客要求裝入紙盒（150日圓，含稅）加以包裝。會在各烘焙甜點包裝時使用的通用紙盒上蓋上店章，再用褐色薄紙包裹密封的蛋糕，然後放進紙盒內。

依目的區分後陳列在架檯上。主要分成個別包裝和紙盒包裝。整條販售的蛋糕有3種口味，也可以用預約的方式購買其他種類。賞味期限為1星期。

紅茶大理石蛋糕

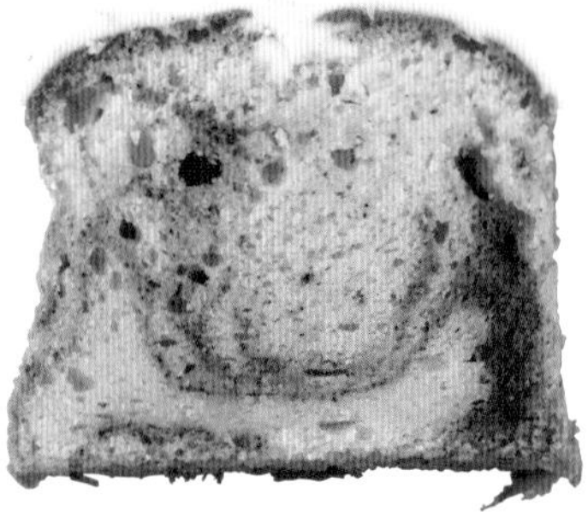

蛋糕體

以含在口中能瞬間感覺飽滿氣泡的蛋糕體為設計形象，雞蛋則將蛋黃和蛋白分開，採用混入蛋白霜的製法。將含有格雷伯爵茶茶葉的蛋糕體麵糊**1**，混進使用發酵奶油的純蛋糕體麵糊**3**內，調製成大理石狀。

內餡材料

紅茶使用格雷伯爵茶的茶葉。除了味道之外，香氣才更是主廚選用格雷伯爵茶的目的。雖將茶葉混進蛋糕體麵糊內，但為了突顯香氣，可預先在茶葉內加入牛奶加熱，再用保鮮膜封住香氣備用。表現皇家奶茶奶香味的白巧克力並非放入蛋糕體當中，而是包覆在蛋糕表面。

模具尺寸

長30cm×寬8cm×高6cm

感受氣泡的蛋糕體和展現香氣
餘韻的皇家奶茶
結合成風味出眾的美味蛋糕

紅茶大理石蛋糕

1條 2100日圓（含稅）／1切片 180日圓（含稅）
供應期間　整年

材料和作法

紅茶大理石蛋糕

長30cm×寬8cm×高6cm的磅蛋糕模具
2條的量

蛋糕體

發酵奶油……250g
精製細砂糖……150g
蛋黃……160g
檸檬皮（磨成泥狀）
……中型1/2個的量
檸檬汁……中型1/2個的量
低筋麵粉……180g
發粉……3g
蛋白霜
- 蛋白……160g
- 精製細砂糖……100g

紅茶葉（格雷伯爵茶）……3g
牛奶……適量

1. 紅茶茶葉用研磨攪拌機磨成粉末狀，加入能浸泡般的牛奶後開火。煮沸牛奶使水分蒸發，當茶葉呈無液體卻溼潤的狀態後從火上移開。將茶葉攤開在烤盤上，包上保鮮膜封住香氣，放涼備用。
2. 然後在奶油中加入精製細砂糖（150g），用攪拌機攪拌到變白為止，再將混合好的蛋黃和檸檬皮分3次加進去，最後放入檸檬汁混合。
3. 和**2**同時進行，製作蛋白霜。在蛋白中加入精製細砂糖（100g）用攪拌器打發，讓蛋白打發至8～9分發泡。具豐厚重量感的蛋白霜較佳。
4. 在**2**中加入一半**3**的蛋白霜，用手混合攪拌。混合後，加入已混合過篩的低筋麵粉和發粉繼續混合攪拌。到這個步驟時，必須有自覺，知道要將蛋白霜和粉類混進奶油裡，把掌心彎成く字徹底混合。
5. 加入剩下的蛋白霜，大略混合一下。這時，把掌心張開像切開蛋糕體麵糊般移動，用最小限度的動作混合以免弄破氣泡。
6. 取出**5**的蛋糕體麵糊約1/4的量。將取出的蛋糕體麵糊再分出1/4的量（即總量的1/16），然後將**1**的茶葉混入其中，之後放回到取出的麵糊（即總量的1/4）內充分混合。

烘焙＆裝飾

白巧克力（Callebaut公司）（※）
……適量

※在初夏至初秋這段氣溫偏高的時期，為保持形狀，可添加少許可可脂。

1. 用橡皮刮刀將蛋糕體麵糊倒進塗有奶油（份量外）並撒有高筋麵粉（份量外）的模具內。將純蛋糕體麵糊和紅茶蛋糕體麵糊分成二等份，各自適度混合（混合成無論切開哪個部位都能呈現大理石狀）後倒進模具內。
2. 使用上火和下火都設定為180℃的烤箱烘烤約35分鐘。用雙眼和手指檢查，確認蛋糕體麵糊是否已膨脹到最大，待烘烤完成後，趁熱從模具中取出放涼。
3. 以隔水加熱的方式融化白巧克力後進行熱處理（回火處理），然後在完全冷卻的蛋糕表面上，用橡皮刮刀塗抹白巧克力。（白巧克力凝固後，每條蛋糕要配合販售的紙盒，切成長23cm。）

「烘焙方式」要依當天狀況調整

京都高品味街道的代名詞——北山，面向大馬路的『Comme Toujours』，是『Alain Chapel』（神戶）的首席糕點師蜂谷康倫主廚於1996年開設的法式蛋糕店。位於點心店、餐廳的激戰區，是深受附近口味挑剔的居民所喜愛的店家。

帶餡甜點約25種，烘焙點心超過30種，此外，果子塔派皮、酥皮可頌、麵包合計將近15種，蜂谷主廚對任何點心都同樣費盡心思，他說：「可能是曾經在餐廳工作，所以我很喜歡烘焙點心。」、「基本上料理要開火烹調。同樣地，點心也是以烤熟為基本。所以我很認真地烘焙。」所謂認真地烘焙，就是確實地判斷狀態、進行烘焙。依照材料的狀態、準備程度、放進烤箱的份量等，都會影響是否熟透。

因此「即使有食譜也並非照著做。改變烘焙方式，才能做出相同的美味。」讓感覺更敏銳，掌握每次的狀況並加以判斷非常重要。

蛋糕是品味蛋糕體本身滋味的點心，為了讓最好吃部位的內容物更多，使用較寬的蛋糕模具。不用搭配茶水也能吃完一塊，入喉滑溜的蛋糕體最為理想，不過，他並沒有加入杏仁粉或是在烘焙後又另外注入酒類或糖漿。反而是藉由奶油、砂糖、雞蛋、麵粉的調配與烘焙方式，做出理想的蛋糕體。

這正是蜂谷主廚的風格。「比起困難又複雜的甜點，不如做單純又簡樸的點心。我想『做出最好吃的普通點心』。」從「香草蛋糕」可以理解他的想法。

一放入口中，立刻感受到輕柔鬆軟般擴散的美好香味，以及奶油與雞蛋的溫潤滋味。隨著有顆粒感的香草豆，鬆軟潤澤的蛋糕體極其自然地滑順入喉。

以品質良好的奶油與滿滿的香草豆，加上只用蛋黃的雞蛋調配，呈現「濃縮了蛋糕體本身美味的蛋糕」印象。

品嚐完畢，卻又意外地飄散出紅茶香

目前蛋糕之中最受歡迎的是「紅茶大理石蛋糕」。蜂谷主廚說：「做點心要先從想像開始。」他是以皇家奶茶的感覺製作。上面淋上的白巧克力並非裝飾，是支撐奶香味道的一部分。

大理石狀的蛋糕體也宛如欣賞紅茶杯般。並非一入口便知是紅茶，而是吃完的撲鼻香味讓人瞭解這是「有紅茶香的蛋糕」，紅茶只混進四分之一的麵糊裡。茶葉在乾燥狀態下不會散發香氣，所以要加牛奶加熱，用保鮮膜密封鎖住香味。為避免影響整體的水分，在液體收乾前蒸散水分也是重點。

蛋糕體的口感想要做成「有氣泡的感覺」，則必須將雞蛋分成蛋黃與蛋白，製作蛋白霜添加進去。要做出有氣泡感而且不會乾巴巴的潤澤蛋糕體，使用質地細緻的蛋白霜最合適。

因此得從奶油所添加的砂糖中挪用一部分，在蛋白裡放入多一點砂糖，讓整體的砂糖量不變，便容易做出厚重飽滿的蛋白霜。混進麵糊裡時要用到手，而運用手的方式也非常重要。奶油與砂糖混合後，先將一半的蛋白霜放入，接著全部的麵粉也確實放入混合，此時掌心必須彎成く字形使用。

剩下的蛋白霜混合時別把氣泡弄破，像抹刀一樣把手攤平切麵糊。少費點工夫盡快結束也很重要。

食譜是以2個蛋糕為1單位。雖然保存得久，但剛烤好的美味只能維持1週，因此除了擺在店面以外不再另外存庫，頻繁烘烤的美味更新鮮。另外，雖然目前推出6種，但很多人購買自用，因此以切片販售為主，而延伸為送禮使用的整條販售款則限定為3種。

由於希望在點心最美味的狀態時供應，所以交到客人手中的也一定是最新鮮的蛋糕。

Pâtisserie SERRURIE

店主兼主廚糕點師　**小笠原 俊介**

商品名稱雖然只是普通的「巧克力蛋糕」，但看見的那瞬間，映入眼簾的卻是宛如寶石般耀眼的無花果裝飾。顆粒口感以及充滿令人驚豔般潤澤的蛋糕體十分搭配。

別出心裁的花樣變化

綜合果乾蛋糕
→P.157

栗子巧克力蛋糕
→P.159

覆盆子蛋糕
→P.172

名古屋味噌磅蛋糕
→P.175

Packaging

將設有店面的加木屋町所製作的鑰匙標誌，掛在有特色的黑棕色紙盒上（250日圓，含稅）。用玻璃紙包覆蛋糕，再用密封器密封後放入紙盒內。

在牆邊的禮物商品架上，與充滿設計感的餅乾禮盒等一起陳列。以整然有序又精緻的氣氛醞釀出高級感。

巧克力蛋糕

蛋糕體

仔細烘烤如瑪德蓮蛋糕般柔軟蓬鬆的蛋糕體，做成帶有潤澤感的蛋糕體麵糊。這個構想的基礎來自原味蛋糕麵糊Pate cake。利用食物調理機混合且避免摻入空氣，再將多一些發酵奶油融解成奶油，在最後才加進去。

內餡材料

利用切碎的橙皮帶出特色。巧克力和柳橙的組合最為經典，只要加入稍微多一點的橙皮份量，便能利用其香氣和苦味襯托出巧克力的風味。

模具尺寸

長15cm×寬6cm×高6cm

外層裝飾

所有蛋糕都會使用密封器密封，因此不採用立體造型的裝飾。這條「巧克力蛋糕」是將浸漬在柑曼怡香橙干邑香甜酒內的無花果和蛋糕體麵糊一起烘烤，以無花果種籽的顆粒取代裝飾。

以融解軟化的奶油製作蛋糕體
有超出預期的潤澤感

巧克力蛋糕

1條 1050日圓（含稅）
供應期間　整年

材料和作法

巧克力蛋糕

長15cm×寬6cm×高6cm的磅蛋糕模具
10條的量

蛋糕體

全蛋……320g
糖粉……460g
可可粉……140g
低筋麵粉……320g
發粉……8g
發酵奶油（明治）……400g
柑曼怡香橙干邑香甜酒（Grand Marnier）（Cordon Rouge）……120ml
橙皮（UMEHARA，5mm切片）……600g

1. 在食物調理機內放入全蛋、糖粉，攪拌均勻。
2. 將可可粉、低筋麵粉、發粉混合過篩，加進**1**內混合攪拌。這時，為了等一下要撒在橙皮上，必須取出少量麵粉備用。
3. 將柑曼怡香橙干邑香甜酒混進**2**裡。
4. 將奶油融解成40℃，加進**3**裡。混合完成的蛋糕體麵糊會呈現液狀。
5. 移入攪拌盆內，將在步驟**2**取出的粉末撒在橙皮上混合。

烘焙&裝飾

無花果浸漬物*……600g
柑曼怡香橙干邑香甜酒（Grand Marnier）……適量

1. 模具內放入鋪紙，將蛋糕體麵糊擠到模具內。
2. 浸漬好的無花果縱向切成4等分，切口朝上排列在**1**的上面。
3. 使用上火和下火都設定為170℃的烤箱烘烤約55分鐘。
4. 完成後趁熱滴入柑曼怡香橙干邑香甜酒，浸透蛋糕體。

---

*無花果浸漬物
無花果（乾燥的）……1000g
格雷伯爵茶茶葉……10g
礦泉水……500ml
柑曼怡香橙干邑香甜酒（Grand Marnier）……230ml
精製細砂糖……70g
檸檬（切成薄片）……1片

1. 煮沸礦泉水，放入格雷伯爵茶茶葉，關火蓋上蓋子燜7分鐘。
2. 過濾**1**再放進鍋裡，加入精製細砂糖、檸檬，開火煮沸後放入無花果，再以小火加熱20～30分鐘。
3. 從火上移開前倒入柑曼怡香橙干邑香甜酒，稍微溫熱。
4. 連同煮汁一起裝進容器內，在冰箱內靜置一星期。

包裝和陳列方式 都重新調整為送禮專用

『Pâtisserie SERRURIE』位於距離名古屋車站約30分鐘路程的住宅區，是深受大人到小孩等各年齡層顧客喜愛的蛋糕店。最近店內的蛋糕擺放位置出現了變化。

在小笠原俊介主廚的認知裡，磅蛋糕是「蛋糕店內理所當然必備的常用點心」，然而近期買來送禮使用的顧客卻較以往增加許多。「顧客希望能裝進可用來送禮的紙盒，所以我特別訂製了蛋糕專用的紙盒。」藉著這個機會，將陳列位置從展示櫃的上層轉移到禮品架上，和相同設計的餅乾盒並排在一起，做出吸引目光的展示區。

同時也重新檢視展示的內容，增加種類讓顧客在挑選時能立刻挑選到。因為磅蛋糕深受歡迎，而使小笠原主廚開始有了「因為設定成能經常購買的便宜價格，所以也有很辛苦的一面。」等喜悅的煩惱。

「巧克力蛋糕」是在使用可可粉的巧克力蛋糕體內混入柳橙皮製成的蛋糕。烘烤出蓬鬆卻緊緻的口感，在出爐時注入柑曼怡香橙干邑香甜酒（Grand Marnier），讓整體更有潤澤感。

作法的特徵是使用食物調理機。小笠原主廚表示，不希望在蛋糕體內摻入空氣時，使用食物調理機將會比較容易製作。「用攪拌器會很容易摻入空氣，然而這個配方如果有空氣摻入，會變成鬆軟的海綿蛋糕體。但是使用食物調理機按照順序混合的話，就能夠混合出適當的狀態。」此外，使用食物調理機不太會失敗，即使是不同的人製作，完成品也幾乎沒有差異。這是使用食物調理機的一大優點。

採用含水量較多的配方 做成不會太軟的蛋糕體

混合順序是雞蛋、糖粉、粉類、最後是奶油。奶油必須先融解再放入。要按照怎樣的順序放入？要摻入空氣嗎？只是混合而已嗎？雞蛋要另外打發嗎？這些製作條件會影響完成品的狀態，因此每個人都有自己的獨特見解。

小笠原主廚說：「影響最大的，應該是奶油的使用方式吧。」如果奶油融解後再放入，會變成像是瑪德蓮蛋糕（Madeleine）般接近液體狀態的鬆軟蛋糕體。如果用較低的溫度仔細烘烤它，可以做出非常潤澤的口感。

小笠原主廚說：「我認為人們所說的獨創性，是指如何打破既有形狀，或是如何改變成自己風格的作品。」配方和製作方法，就是從這個原則出發的。

在「巧克力蛋糕」中，使用融解的奶油和提升水分的配方，同時採用不摻入空氣的作法，因此能做出口感潤澤卻不會過度鬆軟的蛋糕體。讓蛋糕體潤澤的方法，不是蛋糕體內含有的水分多寡，而是在烘烤後使蛋糕體富含糖漿的方法。

例如「覆盆子蛋糕」就是在烘烤之後再將整條蛋糕浸泡在覆盆子利口酒（Crème de Framboise）內吸取糖漿，使蛋糕體潤澤。

這時，如果蛋糕體本身含有大量水分，將會不敵糖漿而崩散，因此必須嚴格限制水分。為了這個作法而特地設計的配方以及這個作法本身，便是一種獨創。

裝飾設計也是展現獨創性的一個方式。「巧克力蛋糕」上的裝飾是排列無花果。無花果除了也是小笠原主廚本身喜愛的食材外，用紅茶熬煮再浸到柑曼怡香橙干邑香甜酒內，將會出現豐富的風味，因此也經常用在帶餡甜點上。

將無花果縱向切開，把橫切面朝上擺放在蛋糕體上烘烤，使整個蛋糕更加華麗。添加柳橙皮的巧克力蛋糕體搭配無花果的組合，也充滿新鮮的驚喜。蛋糕採用密封包裝，因此無法安排有高度的裝飾，但是會使用條件範圍內的設計增加效果。

未來想製作的蛋糕是「冷凍蛋糕」。這不是指可以冷凍的意思，而是在冷凍狀態品嚐會非常美味的夏季限定蛋糕。如果蛋糕含大量奶油應該能表現這種感覺，因而有這個構想。或許在不久的將來，就能夠看到完成品了。

PATISSERIE le Lis

店主兼主廚糕點師　須山 真吾

鬆軟的蛋糕體麵糊內混入蘭姆酒漬的綜合果乾，烘烤出潤澤感。烘烤約7～8成後，在表面排上裝飾用的水果，然後再次烘烤以提高保存性。

別出心裁的花樣變化

巧克力蛋糕
→P.159

柳橙風味蛋糕
→P.170

水果蛋糕

蛋糕體

利用發酵奶油提高風味，以海藻糖取代部分砂糖，可以維持蛋糕體的保水性並控制甜度。滴入蘭姆酒，散發香氣。

內餡材料

蘭姆酒內放入浸漬3～4天的葡萄乾、櫻桃（糖漿浸漬），以及半乾燥的杏桃和黑棗。水果吸入蘭姆酒後，必須再補充蘭姆酒，時時維持在可覆蓋果乾的狀態浸漬果乾備用。

模具尺寸

長16.5cm×寬6.5cm×高5.5cm

外層裝飾

在蛋糕體麵糊的烘烤過程中，從烤箱中暫時取出，在表面的中心位置用刀劃出淺淺切紋。塞入蘭姆酒浸漬的杏桃、黑棗、櫻桃，再次放入烘烤。裝飾盡量簡樸，以便能輕鬆拿著走。

Packaging

連同烤盤紙一同裝進OPP袋內，再貼上緞帶貼紙。如有需要包裝成禮品，將會裝入免費紙盒內，再用包裝紙包裹後黏上緞帶貼紙。

進入店內後，右側架上陳列著蛋糕、烘焙甜點、果醬等，蛋糕排列在接近胸部高度的架上，讓視線容易聚集。

可以拿著走的安心裝飾，
既穩重又美味的正統派蛋糕

水果蛋糕

1條 大型1705日圓、小型1105日圓（各未稅）
1切片 202日圓（未稅）
供應期間　整年

材料和作法

水果蛋糕

長16.5cm×寬6.5cm×高5.5cm的磅蛋糕模具
6條的量

蛋糕體

發酵奶油（明治）……500g
糖粉……249g
海藻糖……107g
全蛋……398g
低筋麵粉（日清製粉「紫羅蘭（Violet）」）……500g
發粉……12g
綜合果乾*……268g
黑蘭姆酒（Negrita）……65g

1. 攪拌盆內放入已軟化的發酵奶油，並將糖粉和海藻糖過篩放入，以中低速的電動攪拌器攪拌並注意不要摻入空氣。
2. 將打散的全蛋分成3～4次加入並攪拌。每次放入都要徹底乳化後才加入下一次，如果出現快要分離的情形，則加熱蛋糕體麵糊至奶油不會融解的溫度（25℃以下），使內容物充分乳化。
3. 加入已過篩且混合好的低筋麵粉和發粉，用橡皮刮刀充分攪拌到看不見粉末顆粒為止。
4. 果乾類除了葡萄乾以外，全都切成與葡萄乾相似的大小，然後倒入蘭姆酒混合。加進**3**裡，用橡皮刮刀混合並注意不要出現麩質，最後在常溫下靜置1小時以上。

*綜合果乾
〈準備量〉
葡萄乾……268g
杏桃（半乾燥的）……157g
黑棗（半乾燥的）……127g
黑蘭姆酒（Negrita）……適量
櫻桃（糖漿浸漬）……80g

1. 將葡萄乾、杏桃、黑棗用溫水快速清洗一下，取出剛好覆蓋住果乾的蘭姆酒的量，將果乾浸漬在蘭姆酒內3～4天。葡萄乾和黑棗會吸取蘭姆酒，因此經過一晚後必須再添加蘭姆酒，時時維持在可覆蓋果乾的狀態浸漬果乾。櫻桃不用浸漬在蘭姆酒中，使用時再和其他水果搭配即可。

烘焙＆裝飾

裝飾用的綜合果乾（參照左列）
- 杏桃……12個
- 黑棗……6個
- 櫻桃……6個

黑蘭姆酒（Negrita）……適量

1. 在模具內放入預先裁切好的鋪紙，讓鋪紙緊貼模具的四個邊角。倒入蛋糕體麵糊並注意不要流進鋪紙的空隙處，讓中心呈現略凹的錐形。使用上火設定為170℃、下火設定為160℃的烤箱烘烤約45分鐘。
2. 從烤箱暫時取出，在中心位置用刀子劃出一道切紋。每條蛋糕都塞入杏桃2個、黑棗和櫻桃各1個，再將烤盤的前後方向對調，使用170℃的烤箱烘烤約20分鐘。
3. 烘烤結束後立即用刷毛將蘭姆酒塗抹在上面，讓表面有潤澤感。將模具底部在烤盤上輕輕敲幾下，從模具中取出蛋糕體，放在烤網上讓剛出爐的熱度散去。

不加裝飾地直接傳達各個素材的原始風味

店主兼主廚的須山真吾先生歷經出身地島根縣的洋菓子店，在東京自由之丘的『ORIGINE CACAO』鑽研學習，累積2年半的經驗後於２０１０年1月開設『PATISSERIE le Lis』。在那之後經過將近4年半，現在是深受附近居民愛戴，經常光顧的蛋糕店。

雖然也有特地從遠方前來的甜點迷，但須山主廚表示：「當地顧客經常前來光顧是最令我開心的事。」店內所有商品被用來送禮的使用率很高，蛋糕也是作為變化之一而不可或缺的品項，挑選綜合口味的甜點時一定都會挑選到蛋糕，尤其是放入大量水果的「水果蛋糕」更是人氣極高。

「我覺得蛋糕能輕鬆帶著走，才是它本來的模樣。」因此須山主廚不刻意裝飾蛋糕，直接傳遞出食材本身特有的風味，呈現出簡約樸實的樣貌。

主廚個人喜愛帶有潤澤感的口味，因此在麵糊中加入最後的粉類後，將不再揉捏以免出現麩質，且特地以柔順的方式混合以免弄破摻入的空氣。

「水果蛋糕」是將蛋糕體麵糊倒進模具後，讓中心處略呈下凹的錐形，再用１７０℃烘烤約45分鐘。然後暫時從烤箱中取出，在表面的中心位置用刀子劃出一道切紋。

這時，要在每條蛋糕內塞入蘭姆酒漬的杏桃、黑棗和櫻桃，再將烤盤的前後方向對調，繼續使用１７０℃的烤箱烘烤約20分鐘。水果也會因為被烘烤過而延長保存期。

主廚希望水果蛋糕上只沾附蘭姆酒的香氣，因而特地不採用蘭姆酒的糖漿，而是在烘烤完成時直接將蘭姆酒注入到熱騰騰的蛋糕體內，讓酒精因熱度而飛散。

設計成最美味的尺寸和厚度

『PATISSERIE le Lis』使用長16.5㎝×寬6.5㎝×高5.5㎝的模具烘烤水果蛋糕，以整條的方式販售。這個尺寸是最符合顧客要求的大小，也可以說是烘烤面（＝表面積）和內側蛋糕體取得平衡，能充分感受蛋糕美味的大小。

同時，也因應自家使用的小型需求，製作一格的小尺寸（長11㎝×寬8㎝×高5.5㎝），獲得許多好評。然而，如果要做得更小，則表面積會比內側蛋糕體大許多，水分會在烘烤時過度蒸散造成潤澤感流失，因此目前的小尺寸已經是能感受蛋糕美味的極致大小。

以切片販售的「巧克力蛋糕」和「香橙風味蛋糕」都切成２㎝厚。這是因為嘗試多次後，發現稍有厚度的吃起來的口感更好，可以充分感受到蛋糕的美味。

「香橙風味蛋糕」是在基本的蛋糕體麵糊中加入焦糖醬、柑曼怡香橙干邑香甜酒（Grand Marnier）和切碎的糖煮柳橙。細碎的糖煮柳橙均勻地在蛋糕體麵糊內攪動，能使焦糖的苦味、糖煮柳橙的酸味和甜味、柑曼怡香橙干邑香甜酒的香氣，順利地融合一體。

「巧克力蛋糕」是在含杏仁粉的可可蛋糕體麵糊中，加入大略切開的巧克力磚或錢幣狀的巧克力混合，能在烘烤後感受小塊的巧克力口感，以及潤澤的蛋糕體，可同時享受這兩種不同的口感。

蛋糕體麵糊調製完成後，為了讓水果蛋糕和香橙風味蛋糕的麵糊穩定，必須在常溫下放置1小時後再倒進模具內送入烘烤。如果放入冷藏，麵糊當中含有的奶油會過度凝固而無法分割，因此在常溫下放置1小時是最佳條件。

巧克力蛋糕的油脂含量多且蛋糕體麵糊較扎實飽滿，若擱置太久，麵糊將會變硬，所以在調製完成後應立刻烘烤。烘烤後，上面的中心位置如果呈現隆起，則表示蛋糕體麵糊不是均勻的狀態，必須在烘烤後立刻連同模具一起倒放在鋪有烤紙的烤網上，使蛋糕體穩定。然後在倒放的狀態下小心地取下模具，於常溫下靜置一晚，則會成為質地細緻、均勻滑順的蛋糕體。

Pâtisserie Shouette

店主兼主廚糕點師　**水田 步**

雖是秋季感覺的蛋糕，卻也經常在夏季推出，是店內的蛋糕人氣No.1商品。放入大量甜栗和核桃的焦糖蛋糕，以酸奶油在焦糖的甜味中帶出獨特後勁，利用蒸製效果，打造出充滿潤澤感的蛋糕體。

別出心裁的花樣變化

經典巧克力蛋糕
→P.160

焦糖香橙蛋糕
→P.162

週末蛋糕
→P.168

Packaging

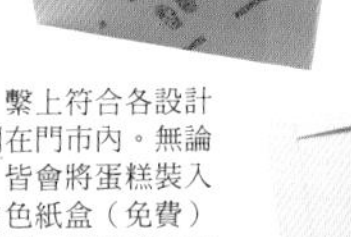

蛋糕用貼紙密封，繫上符合各設計形象的絲帶，陳列在門市內。無論是要自用或送禮，皆會將蛋糕裝入鋪有金色襯紙的白色紙盒（免費）內，再用包裝紙包裹。紙盒亦可用於瑞士捲。

陳列在烘焙甜點的架台上。會因傍晚時日照西曬或商品排列等因素改變陳列位置。經典巧克力蛋糕每條都會撒上糖粉，因此擺放在冷藏展示櫃內。蛋糕的賞味期限皆是10天。

焦糖甜栗蛋糕

蛋糕體

充滿潤澤感的焦糖風味奶油蛋糕。利用層層焦糖讓蛋糕體麵糊容易下沉，雞蛋要另外打發，奶油也需徹底打發。焦糖要燉煮至出現苦味，加入酸奶油改善甜味的後勁。烘烤完成的當下要滴入酒糖液，蓋上蓋子封閉熱氣並靜置一晚，即可做出帶有潤澤感的蛋糕體。

內餡材料

以秋季為形象設計的蛋糕，從適合搭配焦糖的素材中挑選出栗子和核桃。栗子為附嫩皮的糖漬甜栗，核桃則為烘烤類型。栗子和核桃皆切成偏大塊的，品嚐時能明顯感覺到顆粒。

模具尺寸

長18cm×寬8cm×高6cm

外層裝飾

混入蛋糕體內的栗子和核桃冒出表面般的模樣。製作過程中會以火烘烤，因此可擺放未烘烤的核桃裝飾。

講求成熟韻味與潤澤感
風味豐富的焦糖奶香蛋糕

焦糖甜栗蛋糕

1條 1405日圓（含稅）／1切片 165日圓（含稅）
供應期間　整年

材料和作法

焦糖甜栗蛋糕

長18cm×寬8cm×高6cm的磅蛋糕模具
9條的量

蛋糕體

焦糖
- 精製細砂糖……340g
- 水……80ml
- 酸奶油……225g

無鹽奶油（四葉乳業）……550g
精製細砂糖……220g
蛋黃……220g
蛋白霜
- 蛋白……330g
- 精製細砂糖……220g

低筋麵粉……1100g
發粉……35g
配料
- 附嫩皮的糖漬甜栗（切成8等分）……500g
- 核桃（烘烤的，大略切一下）……200g

1. 製作焦糖。酸奶油以隔水加熱的方式加熱到約45℃備用。在鍋內放入精製細砂糖（340g）和水後開火，燉煮成深焦糖色後加入酸奶油混合。
2. 將**1**攤開在大理石台上放置的烤盤內，用攪拌片推開焦糖再混合，並重複此動作，放涼至肌膚溫度（冬季可再熱一些）。
3. 將奶油和精製細砂糖（220g）用攪拌機攪拌至偏白色。奶油變白且完全打發後，逐漸加入少許蛋黃。
4. 蛋黃混合後加入**2**的焦糖，在互相融入的當下暫停攪拌機，用橡皮刮刀從底部攪動般混合均勻，然後再次開啟攪拌機攪拌。
5. 製作蛋白霜（和步驟**4**同時進行）。將蛋白用攪拌機攪拌，打出大泡沫後分5次加入精製細砂糖（220g），持續打發至出現硬度為止。
6. 將**5**的蛋白霜加進**4**之前先再次輕輕攪拌，再將一半的蛋白霜分2次加入，每次都用攪拌片混合攪拌。
7. 逐漸少量地加入已過篩且混合好的低筋麵粉和發粉混合，全部的量都放入後，再次打發剩下的蛋白霜，分2次加入。不要完全混合，混合到蛋白霜仍有8～9成紋路的狀態下即停止攪拌。
8. 加入配料混合。混合結束時，蛋糕體麵糊整體呈均勻混合的狀態為佳。

烘焙＆裝飾

酒糖液（Imbibage）（※）
- 白蘭地……100ml
- 口香糖糖漿……300ml

附嫩皮的糖漬甜栗……18個
核桃（未烘烤的）……36個

※酒糖液（Imbibage）
混合材料。

1. 模具內鋪上烤盤紙備用。
2. 將做好的蛋糕體麵糊裝進擠花袋（不裝花嘴）內，每個模具擠入450g。
3. 每條蛋糕擺放2個糖漬甜栗，厚度切成一半。核桃則是每條擺放4個。
4. 使用上火和下火都設定為180℃的烤箱烘烤約45分鐘。經過35分鐘時打開擋板通氣，再經過5分鐘後將前後方向對調。用竹籤戳戳看，如果沒有沾上麵糊，即可從烤箱取出。
5. 立即從模具中取出（黏著烤盤紙的狀態），排列在淺盤上，趁熱滴入酒糖液。蓋上蓋子放置在常溫下，冷卻後移入冰箱內靜置一晚使其穩定。隔天打開蓋子時，注意勿讓結露滴入。

在餘韻豐饒與濃醇風味上以蒸製效果創造潤澤感

位於兵庫縣三田市住宅街道內的『Pâtisserie Shouette』，是行家之間無人不知無人不曉的人氣蛋糕店。不只當地居民喜愛水田步主廚帶有溫暖柔和滋味的甜點，遠方的顧客也同樣深愛這美味。和帶餡甜點一起充分烘烤的烘焙甜點也頗有好評，僅次於此店代名詞「巴斯克」而廣受歡迎的是——蛋糕。

4種蛋糕中，「經典巧克力蛋糕」和「週末蛋糕」是即使採用多種調配仍未超出甜點原本範疇的作品，但是與這兩種蛋糕相比，含有焦糖的奶油蛋糕「焦糖甜栗蛋糕」和「焦糖香橙蛋糕」展現出水田主廚強烈的獨特性。

尤其是人氣商品「焦糖甜栗蛋糕」，是百貨商店秋季舉辦特別活動時考慮使用的蛋糕。在焦糖風味的蛋糕體內混入栗子和核桃等充滿秋季風情的材料，原本只在秋季推出，但因廣受歡迎，決定應顧客要求整年販售。

水田主廚的焦糖風味蛋糕體，具有講求成熟韻味與深層潤澤感等特色。尤其對潤澤感格外重視。水田主廚表示：「一般作法是將烘烤後的蛋糕直接放在散熱網架上冷卻。我剛開始也是這樣做。但是如果這麼做，不管是淋上糖漿還是改變配方，都依然無法呈現我想要的那種潤澤感。某天，我忽然想起以前在研修時代對其他甜點的一些作法。」

這個作法是從烤箱拿出蛋糕後趁熱排列在薄型的搬運容器上，然後迅速淋上糖漿後蓋上蓋子。也就是把熱氣封閉在蓋子內「蒸」一下蛋糕，冷卻之後再放進冰箱靜置一晚。「如此一來，就能做出其他方法達不到的潤澤感。」水田主廚說。

加入焦糖的蛋糕體往往會比較厚重。為了讓它能擁有潤澤感卻不至於出現沉甸甸的印象，必須將雞蛋另外處理。奶油也不只是打到「偏白」就好，而是得徹底打至「變白」，讓空氣的摻入量達到極限。

為了活絡氣泡，每次將蛋白霜混進麵糊時都要重新打發，並將混合次數限制在最少。放入搭配用的材料混合時，也要計算在混合次數內，混合到蛋白霜的紋路仍殘留8～9成的狀態時，加入搭配用的材料，當內餡食材都混合後，整體呈均勻無結塊的情形便是很好的狀態。

焦糖是運用風味和苦味為整體口感帶來深層韻味，但當中也有甜味。即使熬煮到苦味滲出，依然能使用酸奶油將殘留的甜味轉變成後勁甘甜的滋味。

這個蛋糕的食譜基礎雖然是卡特卡蛋糕（Quatre-Quarts），但因為有放入焦糖，而且內餡食材選用糖漬甜栗，因此減少了蛋糕體本身的砂糖量避免過分甜膩，但也避免口感不足而必須充分調整至均衡。

焦糖從爐上拿開後，攤開在大理石台上擺放的烤盤內，在上方以巧克力熱處理的訣竅混合，讓溫度下降到接近人體肌膚後備用。這是為了能更容易混進奶油內，而且能使蛋糕體整體的溫度不會降低。

刻意不裝飾並使用大型模具讓蛋糕自由發揮

「焦糖甜栗蛋糕」是烘烤成能在表面上看見栗子和核桃的模樣。因為沒有任何裝飾能更勝於完成在「令人垂涎」的表情了。水田主廚說：「我認為蛋糕分成具特殊性質的結婚蛋糕，以及出現在超市那種類似點心的甜點蛋糕。雖然不像結婚蛋糕那樣具有張力，卻能夠享受到毫不遜色風味。一旦稍加裝飾，便有特殊之感。」他繼續說：「如果我在研修結束後留在東京開店，我說不定也會製作特別的蛋糕。但是這個地區瀰漫著家人一同品嚐甜點的氣氛。用大型模具烘烤後切開品嚐的蛋糕最合適。」水田主廚謹慎思考蛋糕背景的心情也全都灌注到這個蛋糕當中。

「原本是保久性長，能帶去旅行，且無論何時何地都可以切成喜愛大小食用的甜點。賞味時間因現實狀況而不得不縮短，但是我希望能保留何時何地大家都能分著吃的這部分。因此做成可以一個人一點一點地慢慢吃，也可以大家一起分著吃的大小，同時也決定不另外添加裝飾。希望做出符合顧客需求，讓顧客開心品嚐的甜點。」

Pâtisserie Cache-Cache

店主兼主廚糕點師　志澤 洋祐

使用風味濃郁的可可粉和巧克力做成濃醇的經典巧克力蛋糕體，再將口感契合的酒釀黑櫻桃摻在其中烘烤。在表層隨機裝飾酒釀黑櫻桃，打造時尚印象。

別出心裁的花樣變化

栗子蛋糕
→P.166

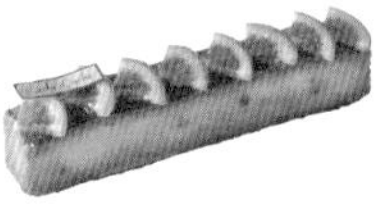

週末蛋糕
→P.168

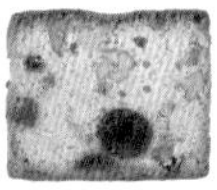

水果內餡蛋糕
→P.157

大理石蛋糕
→P.164

酒釀黑櫻桃巧克力蛋糕

蛋糕體

用另一種方法製作的經典巧克力蛋糕體。由於低筋麵粉的用量較少，因而口感較潤澤，入口即溶的滋味佳。即使放入冷藏也不容易變乾硬。只要稍微放在常溫下，就能恢復柔軟滑順的口感。

內餡材料

法國「Val d' Ajol」的酒釀黑櫻桃。使用法國北東部名產地Fougerolles的櫻桃，酒精濃度為14.5度。

模具尺寸

長22cm×寬4cm×高4cm

外層裝飾

烘烤後淋上巧克力淋醬，再隨機擺放酒釀黑櫻桃，會在其中1個擺上代表本店禮儀的小紙片。

Packaging

特別訂製的原創蛋糕專用紙盒（100日圓，含稅）上印有本店的LOGO插圖，有趣且充滿流行感，令人印象深刻。內側有防止蛋糕傾倒的支撐桿。

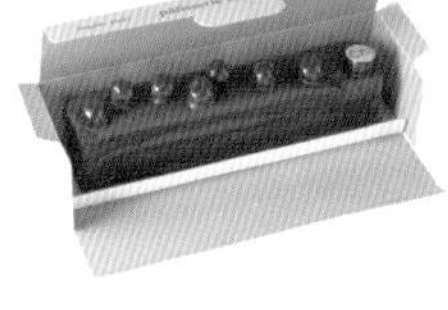

無論是冷藏食用，或是恢復至常溫後食用都非常美味。裝飾風格接近帶餡甜點，蛋糕則陳列在冷藏展示櫃內。

展現時尚美味
冷藏後依然順口好吃的
烘焙甜點

酒釀黑櫻桃
巧克力蛋糕

1條 1500日圓（含稅）
供應期間　整年

材料和作法

酒釀黑櫻桃巧克力蛋糕

長22cm×寬4cm×高4cm的磅蛋糕模具
20條的量

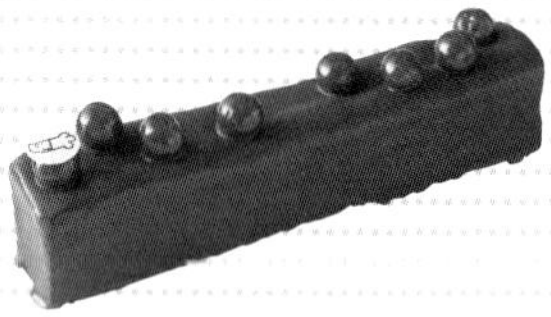

蛋糕體

無鹽奶油（森永乳業）…………195g
41％鮮奶油…………………………486g
61.3％巧克力（Belcolade貝可拉「Noir Superieur」）…………486g
蛋白霜
- 蛋白…………………………………583g
- 精製細砂糖……………………734g

可可粉（ガーケンス公司「SUN-EIGHT ORIGINAL」）…………294g
蛋黃……………………………………324g
低筋麵粉（星野物產「白金鶴」）……………………………………………147g

1. 將無鹽奶油和鮮奶油煮沸，注入到巧克力內，用打蛋器攪拌但不要打發，製作甘納許。
2. 同時間，在攪拌盆內放入蛋白和精製細砂糖，使用電動打蛋器以中速攪拌，製作軟滑的蛋白霜。
3. 在**1**內加入預先過篩備用的可可粉靜靜攪拌，不要打發。
4. 在**3**內加入蛋黃充分乳化。
5. 取出**2**的部分蛋白霜加進**4**內，用打蛋器仔細混合。換拿橡皮刮刀，將剩下的蛋白霜全加進去，混合成大理石狀。
6. 加入低筋麵粉混合攪拌至均勻。

烘焙＆裝飾

櫻桃白蘭地浸漬而成的酒釀黑櫻桃…………320粒（160粒為裝飾用）
巧克力淋醬（脆皮巧克力）
- 巧克力豆……………………1000g
- 61.3％巧克力（Belcolade貝可拉「Noir Superieur」）………250g
- 可可膏…………………………150g
- 沙拉油…………………………150ml

1. 模具內緊緊鋪上烤盤紙。在每個模具中擠入蛋糕體麵糊150 g，再將8粒酒釀黑櫻桃排成一列。使用上火設定為180℃、下火設定為170℃的烤箱烘烤約25分鐘，然後將烤盤的前後方向對調再繼續烘烤約8分鐘。
2. 烘烤結束後，將模具底部在烤盤上輕輕敲幾下，然後直接放著讓剛出爐的熱度散去，隨後放進冰箱靜置一天。
3. 將巧克力豆、巧克力、可可膏、沙拉油混合加熱至45℃，製作巧克力淋醬（脆皮巧克力）。
4. 將**2**拿離至他處，剝掉烤盤紙淋上巧克力淋醬。在酒釀黑櫻桃的底部塗抹少量巧克力淋醬，每個模具的表面擺放8粒裝飾。

為做出精緻好看的蛋糕 而絞盡腦汁設計的配方

2007年，『Pâtisserie Cache-Cache』在埼玉縣埼京線南與野車站相鄰的住宅街內開幕，由店主兼主廚的志澤洋祐先生，與擔任糕點師的妻子ERINA小姐，兩人一同發揮創意製作甜點。

「好吃當然是必備的，我還想要做出比任何事物更加精緻好看的甜點。」說著這句話的志澤夫婦，除了甜點的構成和裝飾的研究外，毫無其他雜念。

他們也研究過許多能賦予蛋糕鮮明印象的設計，最後選擇了細長的形狀。而且，選擇細長形的理由，是因為他們認為只要將蛋糕切成能一兩口就吃完的尺寸，減少份量便不容易吃膩，可以因此吃得下很多種類，應該會非常開心。

當地的顧客對這種時髦的蛋糕一開始並不習慣，但開店4~5年後，逐漸熟悉並接受蛋糕的美味和精美的外型，愛好者也增加不少。

過年等特殊節慶的時期，買來送禮用的情形較多而賣得非常好，像是酒釀黑櫻桃巧克力蛋糕就是冬季（特別是情人節時）非常暢銷的蛋糕款式。

最近因口耳相傳或雜誌介紹等因素而得知資訊特地前來購買蛋糕的顧客也不少。比帶餡甜點更容易攜帶，因此也有很多顧客會在自家作為生日蛋糕或拿來送禮。

直接不做作地 傳達材料的風味與香氣

酒釀黑櫻桃巧克力蛋糕的材料只有巧克力蛋糕體和黑櫻桃。看過傳統的黑森林蛋糕（gâteau de forêt noire）就知道，巧克力和黑櫻桃的口感絕對非常適合，正因為組成單純，才更為了要直接地帶出素材風味，而花心思挑選素材。

巧克力是選用可可風味濃郁的Belcolade貝可拉公司的產品「Noir Superieur」，可可粉選用顏色和風味皆出色的ガーケンス公司的「SUN-EIGHT ORIGINAL」。

黑櫻桃使用法國Val d' Ajol公司製造的酒釀黑櫻桃。味道鮮美且保有水果形狀，也可以運用在外觀的裝飾上。

蛋糕體採用其他方式製作的經典巧克力蛋糕體。因為低筋麵粉含量較少，潤澤又入口即化的口感是其一大特徵。

將蛋糕體麵糊擠到模具後，在表面的中心位置排放一整列瀝乾水分的黑櫻桃。如果塞到蛋糕體麵糊裡，黑櫻桃會下沉到底部，所以輕輕地放在表面即可。

烘烤完成後，連同模具一起冷藏一天，讓蛋糕體更加潤澤。如果要在拿掉模具和剝除烤盤紙時弄得比較乾淨、好看，可以藉由「冷卻」步驟達到效果。

剝掉烤盤紙後淋上巧克力淋醬。巧克力淋醬（Chocolate Coating）的巧克力風味和香氣都比巧克力鏡面淋醬（Glaçage chocolat）更濃郁豐富，且冷藏後食用的爽脆口感也更加美味，若恢復到常溫則會變為滑順口感，和蛋糕體達成絕妙均衡。

在表面裝飾黑櫻桃。不要規律地擺放，刻意地隨機裝飾的作法反而使蛋糕看起來更有現代感。

放入蛋糕體內的酒釀黑櫻桃，酒精成分已在烘烤過程飛散，但裝飾在表面的仍留有些許櫻桃白蘭地，為巧克力風味增添亮點，讓獨特美味更加立體。

『Pâtisserie Cache-Cache』共提供5種口味的蛋糕，整條販售的有酒釀黑櫻桃巧克力蛋糕、週末蛋糕、栗子蛋糕這3種，它們是含水量較多、接近帶餡甜點的烘焙甜點，因此賞味期限設定為冷藏狀態下1星期，在店內陳列於冷藏展示櫃內。

『Pâtisserie Cache-Cache』的店內和廚房都不算寬敞，所有的製作也都是主廚夫婦兩人操刀，實在是處於難以增加新品項和新變化的狀態，然而志澤主廚表示：「我還有許多想要做給顧客品嚐的蛋糕構想呢！」看來，他非常渴望能在未來增加更多種類呢！

Pâtisserie Liergues

店主兼主廚糕點師　**小森 理江**

在簡約樸實的形狀中，融合2種蛋糕體麵糊和5種口感。還不只如此，只要稍微改變溫度，即可品嚐到不同風味的巧克力，這正是喜愛巧克力的小森理江主廚為巧克力愛好者們特製的蛋糕。

別出心裁的花樣變化

鮮水果蛋糕
→P.157

無花果蛋糕
→P.158

焦糖鮮橙蛋糕
→P.162

榛果栗子蛋糕
→P.166

Packaging

店內的形象色彩為摩登時尚的黑與白，但為了稍微打破冰冷印象，而將禮品紙盒（150日圓～，含稅）設計成紅和白，再繫上紅絲帶。

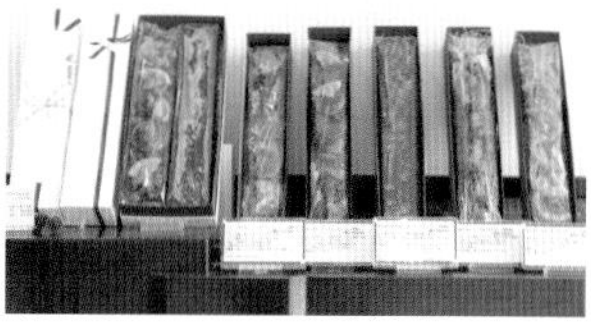

在壁面稍高的位置打造專用架陳列。各蛋糕的介紹小卡內除了記載材料和賞味期限外，還會標註味道和口感及品嚐建議等，深受顧客好評。

巧克力協奏曲

蛋糕體

以2種蛋糕體麵糊構成。基礎的蛋糕體，是使用了榛果粉再加入鹽的巧克力蛋糕體。中間的蛋糕體，是以甘納許為主體製作的柔軟巧克力蛋糕體。在基礎蛋糕體麵糊中倒入中間蛋糕體麵糊，然後進行烘烤。

內餡材料

在中間蛋糕體麵糊內混入巧克力芯片。也可以將中間蛋糕體麵糊本身想成是基礎蛋糕體麵糊的內餡材料。

模具尺寸

長27cm×寬5cm×高4cm

外層裝飾

從上方淋上巧克力，再用巧克力米裝飾。在裝飾的同時，使口感產生變化的內餡材料也發揮獨特角色。

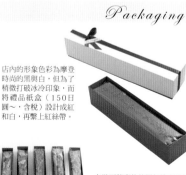

冷藏食用時好吃，
加熱品嚐時也美味
發揮巧克力本色的蛋糕

巧克力協奏曲

1條 1680日圓（含稅）
供應期間　整年

材料和作法

巧克力協奏曲

長27cm×寬5cm×高4cm的模具
12條的量

蛋糕體

◎基礎蛋糕體麵糊

無鹽奶油……………………………450g
55%巧克力（不二製油「Couverture Noir 55」）……450g
榛果粉（附皮，烘烤的）………400g
糖粉…………………………………400g
蛋黃…………………………………400g
低筋麵粉……………………………150g
蛋白霜
- 蛋白………………………………380g
- 精製細砂糖………………………120g
- 鹽（卡馬爾格的鹽）……………2g

1. 將恢復至室溫的奶油放進攪拌盆內，攪拌至變白色，再加入融解至30℃的巧克力，用電動攪拌器攪拌。
2. 將糖粉和榛果粉過篩後混合，加進**1**裡，用電動攪拌器混合攪拌，然後也少量地一點一點地加入蛋黃繼續混合。
3. 在蛋白中加入精製細砂糖和鹽充分混合，再放進攪拌盆打至8分發泡。這項作業可和步驟**2**的作業同時進行。
4. 將**2**放進攪拌盆內，再加入約3分之1的**3**，用橡皮刮刀混合，再依序加入已過篩的低筋麵粉、剩餘的**3**混合。

◎中間蛋糕體麵糊
〈長48cm×寬33cm×高4cm的模具1條的量（蛋糕20條的量）〉

無鹽奶油……………………………250g
71%巧克力（CHOCOVIC公司「Guaranda」）…………………………499g
40%鮮奶油…………………………499g
可可粉………………………………100g
全蛋…………………………………360g
精製細砂糖…………………………280g
巧克力芯片（CHOCOVIC公司「CORI 44%」）………………200g

1. 混合全蛋和精製細砂糖，放進攪拌盆，加熱至約人體肌膚的溫度後打發。一開始先用高速攪拌，之後再轉為低速，打發至質地柔細為止。
2. 在大一點的攪拌盆內放入巧克力融解至50℃以下，再放入加熱至40℃的鮮奶油用打蛋器混合攪拌，之後加入已軟化的奶油，繼續攪拌使其乳化。
3. 在**2**的攪拌盆中放入**1**和已過篩的可可粉，用橡皮刮刀大略混合。
4. 將**3**平坦地倒入模具內，均等地撒上巧克力芯片，放進冷凍庫冷卻凝固。
5. 將**4**切成蛋糕20條的量。

烘焙＆裝飾

55%巧克力（不二製油「Couverture Noir 55」）
……………………………………1000g
杏仁糖………………………………200g
巧克力米（CHOCOVIC公司「GRANULADO」）……………適量

1. 模具內鋪好鋪紙，擠入基礎蛋糕體麵糊約100g，並在每個模具內輕輕埋入冷藏狀態的中間蛋糕體麵糊，然後再次擠入基礎蛋糕體麵糊（基礎蛋糕體麵糊要均分成12個模具份量）。
2. 使用上火和下火都設定為200～210℃的烤箱烘烤約25分鐘。
3. 烘烤完成後直接靜置一天。
4. 隔日，薄薄削掉**3**表面燒焦的部分，調整邊角處並翻面。
5. 混合果仁糖和巧克力，融解至50℃以下，淋在**4**的上方，再撒上巧克力米裝飾。

讓「少量地逐漸享用」化為可能而特地設計成細長型

2008年開幕的『Pâtisserie Liergues』位於大阪東部的花園。進入這間時尚蛋糕店，首先映入眼簾的是排列在中間大桌上的果子塔。種類約15種，光是看見這一個個充實的內容，就能知道主廚在烘焙甜點上注入的心力。

在牆面偏高的位置以豎立的方式展示了5種蛋糕。細長精緻的模樣完全符合且融入店內氣氛。設計成這個尺寸是在3年前。在那之前是用一般的磅蛋糕模具烘烤，但烘烤完成的外型和店內的氣氛不搭。

雖然並不是特別意識到這些蛋糕款式適合女性，但是拿來與自己對照，卻也認為女性會有想要「一點一點地、品嚐各式各樣的」的心情。將磅蛋糕切片，仍然覺得一片太大了。四處尋覓之後，終於找到了理想尺寸的模具，從此，便將磅蛋糕模具烘烤的成品以切片販售，整條販售時則使用這款模具。

以現在的模具製作的第一個蛋糕就是「巧克力協奏曲」。因為很喜歡巧克力，而思考了許多能從多重角度享受巧克力的甜點。要做出多種品嚐方式，以長型的蛋糕最為合適。最初是以常溫品嚐，接下來的切片則是加熱後品嚐正在融化的狀態。

這個蛋糕採用雙層構造，在中間放入甘納許狀的蛋糕體麵糊，加熱後會像方旦糖霜般濃濃化開、逐漸融化，相反的，放入冷藏則會沉甸甸地凝縮起來，變成奢華的美味。的確是貨真價實地「一點一點地、品嚐各式各樣的」的手法。

口感也和味道一樣豐富多彩。基礎蛋糕體內有放入榛果粉，充滿潤澤；中間蛋糕體則濃郁香醇又柔軟。內部有巧克力芯片，外部塗層採用巧克力，然後再用巧克力碎屑裝飾，能享用各部位的口感。

進行的2種作業必須算準時機

蛋糕體採用原創配方。基礎蛋糕體的構想來自於鄉村杏仁蛋糕吉涅司（Pain de Gênes）。然而當中不使用杏仁，改用棒果粉做出潤澤感。首先，製作奶油和巧克力、棒果粉和蛋黃混合的蛋糕體，然後混合打至8分發泡的蛋白。製法上的重點在於蛋糕體和蛋白混合的時機。在攪拌蛋糕體麵糊的期間開始打發蛋白，必須讓蛋白在攪拌器結束的同時剛好打至8分發泡。

加進蛋白裡的砂糖和鹽必須在之前就先充分混合好備用。放入鹽後，會突顯巧克力和其他材料的甜味，成為帶出餘韻的美味。此外，如果過度打發蛋白，會產生油膩感，必須多注意。

雖然整體的雞蛋份量偏多，但以做出不會過分沉甸甸且容易入口的巧克力蛋糕體為目標，才設計了這樣的配方。

另一方面，放在中間的蛋糕體則是在甘納許當中混入充分打發的雞蛋和可可粉，然後撒上巧克力芯片。接著再冷凍這個柔軟的蛋糕體，使其冷卻凝固，然後才放進基礎蛋糕體內一起烘烤。

使用在2種蛋糕體的巧克力，是以不同製造商的產品區分。在具備潤澤感又帶溫和口味的基礎蛋糕體上，使用的是穩重且口味不會過分突出的不二製油的產品；強調特色、成為整條蛋糕亮點的中間蛋糕體，則是使用特色明顯、能充分感到可可風味的CHOCOVIC公司的產品。在中間蛋糕體中添加的巧克力芯片也是CHOCOVIC公司生產，它能在烘烤後不融化，留下獨特口感。

蛋糕體的狀態會因巧克力的處理方式而改變。比方說，融解巧克力時不要過度加熱等，遵守基本原則相當重要。與其對數字等錙銖必較，仔細觀察、注意「狀態」更能夠使完成品符合期待。

烘烤完成後直接靜置一天。如此一來可以使巧克力穩定下來，讓接下來的步驟更順利。

隔天，為了將底面翻倒到上面，可以削掉表面再翻過來，就完成了。門市內會擺放價格牌，這張小卡上不只會寫出蛋糕的內容，也有具體記載能品嚐出美味的方法，顧客可在許多小地方窺見小森主廚對蛋糕的熱情與心意。

Pâtisserie La cuisson

店主兼糕點師　**飯塚 和則**

在蛋糕體麵糊內加入栗子膏，展現栗子材料特有的潤澤感。用糖漿燉煮的日式甜栗也加在其中，是充滿日式和菓子風味、老少咸宜的美味蛋糕。

別出心裁的花樣變化

水果蛋糕
→P.157

巧克力無花果蛋糕
→P.158

香橼週末蛋糕
→P.168

鮮橙磅蛋糕
→P.170

Packaging

放入透明的塑膠禮盒，再繫上精緻的白色緞帶販售。也備有2條裝的禮盒，可以1條蛋糕搭配數個花色小蛋糕。

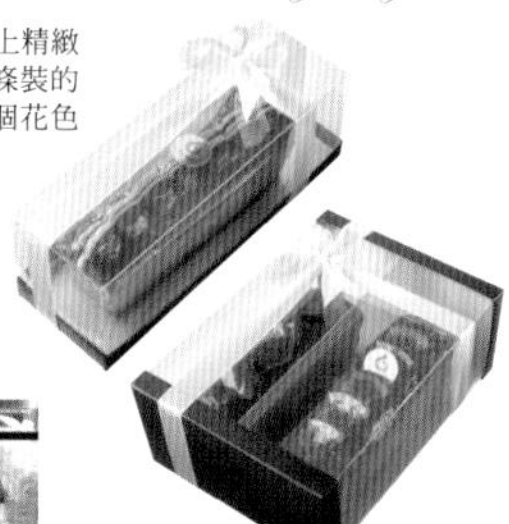

在常保10～15℃的展示櫃內，以繫上緞帶的方式陳列。蛋糕全為均一價格，挑選任何種類都很方便。

栗子蛋糕

蛋糕體

添加栗子膏和杏仁粉展現潤澤感。讓材料徹底乳化，做出入口即化的蛋糕體。加入少量肉桂，留下香氣餘韻。以相同比例添加與栗子口感契合的蘭姆酒和干邑甜酒，混合做成酒糖液。

內餡材料

不使用西洋栗子而採用日式甜栗，是因為取自和菓子的形象。將丹波產的糖漿煮嫩皮甜栗取出4成混入蛋糕體麵糊內，打造出日式甜栗的風味和口感。

模具尺寸

長19cm×寬6cm×高5cm

外層裝飾

排列對切成半的法國製糖漬甜栗，在表面塗抹杏桃醬。完成後，從栗子上方將透明糖衣以縱向畫線，展現時髦的設計。

以甜栗帶出潤澤感
有「和菓子」感覺的蛋糕

栗子蛋糕

1條 1400日圓（含稅）／
1切片 160日圓（含稅）
供應期間　整條販售為秋季～冬季，
切片販售為整年

材料和作法

栗子蛋糕

長19cm×寬6cm×高5cm的磅蛋糕模具
16條的量

蛋糕體

無鹽奶油（四葉乳業）………800g
精製細砂糖……………………600g
海藻糖…………………………140g
鹽…………………………………7g
栗子膏（Marron Royal）……650g
全蛋……………………………760g
A ┌ 低筋麵粉…………………530g
　│ 高筋麵粉……………………55g
　│ 杏仁粉……………………280g
　│ 發粉…………………………12g
　└ 肉桂粉………………………1g
糖漿煮日式甜栗（附嫩皮）
……………………………………530g

1. 從冰箱取出奶油，放至21～22℃使其軟化。
2. 在攪拌盆內放入**1**、精製細砂糖、海藻糖、鹽，以低速的電動攪拌器讓精製細砂糖融合般攪拌約5分鐘。
3. 將栗子膏分3～4次加進**2**內，以低速的電動攪拌器攪拌。
4. 在常溫下使全蛋恢復至29℃，再分4～5次加進**3**內，以低速的電動攪拌器攪拌至乳化。
5. 材料A混合過篩，加進**4**內，用手混合到看不見粉末顆粒為止。
6. 將**1**粒糖漿煮日式甜栗（附嫩皮）切成4等分加進**5**內用手混合攪拌。

烘焙＆裝飾

酒糖液（Imbibage）（黑蘭姆酒1：干邑甜酒1）……………………適量
糖漬甜栗（Sabaton公司）……56粒
杏桃醬……………………………適量
透明糖衣（在糖粉內混合適量的黑蘭姆酒和水製成）…………………適量

1. 在模具內噴少量的油（份量外），裝上鋪紙備用。
2. 將做好的蛋糕體麵糊裝進擠花袋（不裝花嘴）內，每個模具擠入260g。將模具在台子上輕敲2～3下使表面平坦。
3. 使用上火和下火都設定為170℃的烤箱烘烤約40～45分鐘。經過30分鐘後，將火力轉為小火。
4. 烘烤結束後從模具中取出，在黏著鋪紙的狀態下從上面滴入酒糖液，讓酒糖液滲入其中。待剛出爐的熱度散去後剝下鋪紙，包上保鮮膜在冰箱內靜置一晚。
5. 在蛋糕上面擺放切半的糖漬甜栗，每條放上7片，然後在上面和側面薄薄塗上一層燉煮融化的杏桃醬。
6. 將玻璃紙摺成圓錐頭的擠花袋，在裡面放入透明糖衣，從糖漬甜栗的上方以縱向畫出2～3條線，然後等線乾。

蛋糕首重潤澤感和入口即化的美味感

『Pâtisserie La cuisson』於2011年4月，在筑波快速列車．八潮車站走路約10分鐘的地點開幕。

飯塚和則主廚表示：「送禮需求高的烘焙甜點，是讓當地顧客以外的民眾也能夠品嚐到本店甜點的絕佳機會。商品本身正是最好的店家宣傳，因此在烘焙甜點上格外投入心力。」

和陳列在烘焙甜點展示區的商品一樣，擺放在展示櫃內的蛋糕也是以送禮使用的方式呈現。帶餡的小甜點也同樣為了吸引目光，而非常重視裝飾。價格也設定在1條1500日圓以下即可購得的親民價格帶，在提供送禮商品的選擇上，運用了不少巧思。

如帶餡甜點般華麗，不僅可在常溫下移動，也能維持美味約2個星期。當地顧客都清楚這一點，因此買來送禮的需求增加不少。其中一項「栗子蛋糕」是秋季到冬季非常暢銷的商品。

飯塚主廚說：「這個蛋糕，如果要說的話，是宛如和菓子般的形象。這是將丹澤產的嫩皮甜栗用糖漿熬煮後切碎放入蛋糕體麵糊中，因此日式甜栗的味道會在口中擴散，潤澤的感覺也很適合搭配日本茶。這個蛋糕具有年長顧客也感覺親切的溫和風味。」

『Pâtisserie La cuisson』在製造蛋糕時，是以接近帶餡甜點的感覺製造，因此格外注重「潤澤感」和「入口即化的美味感」。

以「栗子蛋糕」為例，為了呈現出栗子本身的潤澤口感，而特地在蛋糕體內放入大量保水性佳的栗子膏。此外，也使用了將近麵粉一半份量的杏仁粉，在蛋糕體麵糊中打造奢華美味和潤澤口感。

杏仁粉是以「加州產：西西里產＝2：1」的比例混合。親民價格的加州產杏仁粉和略帶苦味的西西里產杏仁粉適當混合，取得味道和價格的均衡。

運用這些材料製造出潤澤感後，再以少量的鹽調整口味，或是用肉桂增添香氣餘韻，調配出細膩口感。

設定奶油和雞蛋的溫度讓蛋糕體麵糊更容易乳化

在呈現「入口即化的美味感」上，飯塚主廚重視的是如何在製造蛋糕體時讓蛋糕體麵糊充分乳化。飯塚主廚注意到的是奶油和雞蛋的「溫度」，這是促進乳化的方法之一。經過多次嘗試與多次失敗後，終於在失敗中不斷摸索而得到結論，知道不同季節雖略有差異，但只要加入還原至約22℃的奶油、約29℃的雞蛋，便比較容易乳化。

尤其是奶油如果低於20℃以下，在不打算加入水分的情形下會容易分離；超過23℃，則蛋糕體麵糊會不穩定，因此溫度管理非常重要。當初是先用微波爐加熱，再用溫度計確認溫度，但現在只要看見變成膏狀的狀態就能知道大致溫度，製作過程也不再那麼麻煩。

等蛋糕體麵糊徹底乳化後，便加入已過篩的粉類混合，但這時不能使用攪拌器，必須直接用手混合，這一點也是製作時的重點。因為如果用攪拌器混合，會不容易掌握麵粉麩質的產生狀態。

麩質出現過多，會使入口即化的狀態和口感都變差，用手一邊感覺蛋糕體的重量一邊混合，才比較能控制麩質的產生狀態。

麵粉則為了要能夠保持烘烤時膨脹起來的蛋糕體高度，而在低筋麵粉中混入約低筋麵粉1成份量的高筋麵粉。

烘烤則使用德國製的櫃式烤爐（deck oven）。『Pâtisserie La cuisson』也提供長型的法國麵包等偏硬的麵包，因此引進此烤爐作為麵包烘烤使用，是下層火力強大的烤箱。

由於可以調節上下層的火力，能在烘烤的前半階段加強下層火力，讓蛋糕體麵糊一口氣膨脹起來，後半階段再減弱下層火力，即可在不流失水分的狀態下完成充滿潤澤感的麵包。

SUCRERIES NERD

店主兼主廚　久保 直子

樸實無華，以甜點感覺品嚐的德國傳統糕點。如同「Sand＝沙」，毫不費力地在口中化開的蛋糕體和滑順的奶油糖霜有著超群的契合感。杏仁的鬆脆口感也是一大亮點。

別出心裁的花樣變化

焦糖蛋糕
→P.162

茶香磅蛋糕
→P.164

週末蛋糕
→P.169

杏仁蛋糕
→P.174

Packaging

放入能看見整個蛋糕的透明塑膠禮盒內陳列。也可以加100日圓（未稅）換成抽出式紙盒。

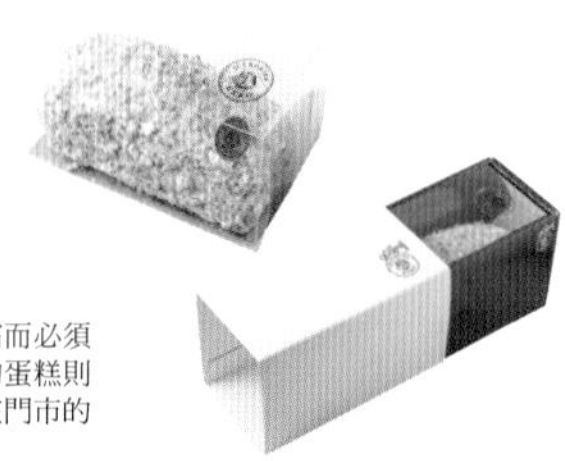

「沙感蛋糕」使用了奶油糖霜而必須陳列在冷藏展示櫃內。其他的蛋糕則和圓形的烘烤甜點一起擺放在門市的陳列台。

沙感蛋糕

蛋糕體

採用糖油拌合法製作。粉類則使用等量的中筋麵粉和精粉。利用中筋麵粉帶出甜味和適度的嚼勁，同時利用精粉展現質地鬆脆容易碎落口中的口感。

模具尺寸

長14cm×寬5cm×高5cm

外層裝飾

將使用了發酵奶油風味出色的奶油糖霜塗抹在蛋糕體周圍，然後在整個蛋糕上撒細碎的鬆脆杏仁，為表面增添粗糙嚼勁。

在口中碎落四散的滋味
充滿魅力的德國傳統甜點

沙感蛋糕

1條 1500日圓（未稅）
供應期間　整年

材料和作法

沙感蛋糕

長14cm×寬5cm×高5cm的磅蛋糕模具
30條的量

蛋糕體

A
- 發酵奶油（四葉乳業）……1710g
- 鹽（蓋朗德（Guérande）產）……11g
- 檸檬膏……38g
- 香草膏……9.5g
- 糖粉……1368g

精粉……1026g
全蛋……684g
牛奶……342ml

B
- 中筋麵粉……1026g
- 發粉……19g

1. 用電動攪拌器將材料A輕輕攪拌至變白。
2. 將全蛋少量地一點一點加進**1**內，用攪拌器攪拌。當全蛋倒入約一半且奶油尚有硬度的狀態時，加入精粉混合。
3. 然後倒入剩下的全蛋和牛奶，均勻攪拌，使蛋和奶確實混合。
4. 將材料B混合過篩加進**3**內，用攪拌器攪拌均勻。

烘焙＆裝飾

奶油糖霜＊……下述全量
鬆脆杏仁
- 磨細的杏仁……500g
- 糖粉……1000g

1. 將做好的蛋糕體麵糊裝進擠花袋（不裝花嘴）內，每個裝好鋪紙的模具擠入200g。
2. 將模具在台子上輕敲數次以排出空氣，用設定140℃的對流烤箱烘烤約45分鐘。
3. 烤好後從模具中取出，剝下鋪紙放在烤網上冷卻，再用保鮮膜包裹後放在冰箱內靜置一天。
4. 製作鬆脆杏仁。將杏仁和糖粉放入銅鍋內開中火煮，邊融化糖粉邊裹在杏仁上，然後放涼。
5. 靜置一天的蛋糕體先從底部切成約1.5cm厚的薄片2片，1條蛋糕共切成3片（1.5cm厚的2片＋不限定厚度的1片）。
6. 在當作底部的蛋糕體上塗抹厚厚一層約3～4mm厚的奶油糖霜，再疊上第2片一樣要塗一層厚厚的奶油糖霜，然後最上層再疊上蛋糕體。
7. 最後在上面和側面都塗上奶油糖霜，周圍則均勻地撒上鬆脆杏仁。

＊奶油糖霜

A
- 發酵奶油（四葉乳業）……1560g
- 糖粉……130g
- 海藻糖……104g

B
- 全蛋……780g
- 精製細砂糖……486g
- 海藻糖……260g
- 鹽（蓋朗德（Guérande）產）……2.6g

1. 用攪拌器輕輕攪拌A。
2. 用另一個攪拌器將B攪拌至濃稠融合的狀態。
3. 將**2**一點一點少量地加進**1**內，用攪拌器攪拌至柔軟滑順為止。

打造崩解口感 而混入精粉

2012年，在東京大田區的閑靜住宅街中開幕的『SUCRERIES NERD』。店主久保直子曾親赴法國，在『L'ATELIER de Joel Robuchon』及『Le Meurice』等高級的餐廳學習正統的法式甜點，是一名實力派的糕點師傅。

店名『SUCRERIES NERD』是久保主廚想出來的新詞，主要是表現「甜品屋」的意思。

久保主廚說：「我打算在這家店裡陳列我自己認為好吃而且喜愛的甜點。因為我期許自己能做出讓顧客像吃點心一樣可以輕鬆品嚐的甜點，因此比起『法式蛋糕店（Pâtisserie）』這個詞，我更想將友好自在的感覺傳達給顧客，所以取了這個名字。」

陳列的商品，是以長久以來學習的法式傳統甜點為中心，同時不侷限於國家，也提供德國甜點以及日本熟悉風味的布丁和水果蛋糕等。店內也供應久保主廚喜愛的烘焙甜點，且以整條販售的方式呈現。

這間店目前共供應5種蛋糕。其中，久保主廚自己最喜愛的蛋糕，是德國的磅蛋糕「沙感蛋糕（Sand kuchen）」。「Sand」就是德文「沙」的意思，表示像沙一般，毫不費力地在口中化開的口感，是極富魅力的甜點。

沙感蛋糕也有許多不同類型，但久保主廚曾在某家店內品嚐過奶油糖霜的沙感蛋糕，深深著迷於它的美味，便將這個口味列進商品陣容內。用奶油糖霜包裹擁有如沙般四散口感的蛋糕體，放入口中，甜蜜滋味瞬間化開。表面鬆脆粗糙的觸感，更為口感增添亮點，是讓人充滿懷念感的甜點。

蛋糕體是用糖油拌合法製成。奶油選用風味佳的發酵奶油，在糖粉和蓋朗德（Guérande）的鹽中加入檸檬和香草膏，增添香氣。

將這些材料打發至變白後，一點一點地加入全蛋混合，並且在期間加入精粉。

精粉是用於日式和菓子等的麵粉的澱粉，是在蛋糕體中創造出沙感蛋糕極大特色「崩散口感」的功臣。西式甜點通常是使用玉米澱粉，但為了更貼近自己期望的樣子，製造出沙粒四散般崩落的口感，因而選擇使用精粉。放入和麵粉同等份量的精粉，在蛋糕體中表現獨特口感。

留心與蛋糕體的對話 仔細混合以免油水分離

當全蛋和牛奶全部放入時，加入中筋麵粉和發粉。使用中筋麵粉的原因，是因為若使用低筋麵粉會造成蛋糕體容易黏稠。此外，不只為了讓蛋糕體呈現崩散口感，也考慮到需要粉的美味和適度嚼勁。

而且主廚實際以作為商品的中筋麵粉進行烘烤以確認味道。結果，發現它最具備粉的美味，而將日本製粉的「Genie」應用於所有的烘焙甜點。

放入粉類後的混合方式是一大重點，但蛋糕體的狀態、材料的溫度、氣溫、攪拌器的機種型號等各種因素都會影響，因此久保主廚表示：「沒有『只要照著這樣混合就萬無一失』的簡單方法。」將粉類放入含有水分的蛋糕體麵糊內後，該如何才能不過度打出鬆質，以較少的攪拌次數，混合出不結塊的漂亮麵糊等，都需要自己摸索嘗試。久保主廚經常提醒自己要「和蛋糕體對話」，每次，都能正確判斷出最適當的狀態。

讓烘烤完成的蛋糕體靜置一晚，切成3片並夾入奶油糖霜。奶油糖霜是使用發酵奶油帶出風味，輕輕攪拌摻入空氣，做出輕盈的感覺。就連對奶油糖霜仍抱持著以往厚重印象的年長顧客，都提出「這個奶油糖霜真好吃！」等好評。

賞味期限是3～4天。因為使用了奶油糖霜，必須要冷藏保存。可配合個人喜好，在室溫下放置約1小時再食用。

Craquelin

店主兼主廚　**南 行信**

添加法式杏仁和栗子膏的蛋糕體，以濃醇風味和潤澤口感為特徵。外層以巧克力淋醬包裹，可以盡情享受栗子蛋糕體和巧克力融合的美好滋味。

別出心裁的花樣變化

週末蛋糕
→P.168

水果內餡蛋糕
→P.157

栗子蛋糕
→P.166

柳橙蛋糕
→P.170

野草莓蛋糕
→P.172

Packaging

為避免蛋糕表面的巧克力接觸到透明塑膠禮盒，刻意採用較寬敞的尺寸。以緞帶繫上蝴蝶結的狀態在常溫下陳列於展示櫃上方。選擇能讓內容物一目了然的包裝方式，賦予顧客華麗印象。

切片蛋糕陳列在顧客目光容易停留的展示櫃橫向的位置。使用紙質細緻的解說牌，以淺顯易懂的方式標示含稅價格。

栗子空心圓蛋糕

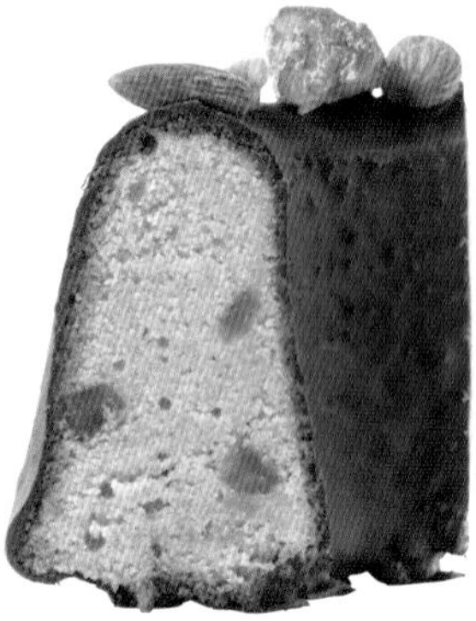

蛋糕體

法式杏仁的調配量約為低筋麵粉的3倍，容易做出偏重的蛋糕體麵糊，因此攪拌時適度摻入空氣是一大重點。材料上使用香草糖和發酵奶油，能讓風味與濃醇感更具特色，展現溫和餘韻。

內餡材料

蛋糕體麵糊內除了栗子膏以外，也有放入Agrimontana公司製造的「VERI MARRONI」。這是將義大利產的高級栗子浸漬到香草風味的無添加糖漿內製成的甜栗，以濃郁栗子味為特徵。

模具尺寸

底部直徑15cm×高8.5cm的空心圓模型

外層裝飾

以可可巴芮巧克力（Cacao Barry）公司的巧克力淋醬厚厚覆蓋（約2mm）烘烤完成的蛋糕體，再以杏仁、糖漬甜栗、榛果等3種果核裝飾上部。覆蓋厚厚一層巧克力的理由，是為了在品嚐時打造出獨特口感，且能和濃醇栗子蛋糕體的味道達到均衡。

讓栗子風味的蛋糕體
在不使用利口酒的狀態下變得更順口美味

栗子空心圓蛋糕

1條 1500日圓（未稅）
供應期間　秋季～冬季

材料和作法

栗子空心圓蛋糕

底部直徑15cm×高8.5cm的空心圓模型
10個的量

蛋糕體

全蛋……810g
A 法式杏仁……1200g
栗子膏（Sabaton公司）……100g
鹽……2g
香草糖……2g
無鹽發酵奶油（Daily「高千穗發酵奶油」）……800g
精製細砂糖……460g
低筋麵粉……380g
糖漬甜栗（Agrimontana公司「VERI MARRONI」）……370g

1. 雞蛋放回至常溫備用，打散後開火（或隔水加熱）加熱至接近人體肌膚溫度。
2. 在攪拌盆內混合A材料，用電動攪拌機攪拌，混合後將**1**分成4～5次加入，以低速攪拌避免結塊。接著改用打蛋器，以低速攪拌至蛋糕體麵糊呈黏稠狀態。
3. 將膏狀的奶油、精製細砂糖放進另一個攪拌盆，以低速的攪拌機攪拌。
4. 將**3**從攪拌機上取下，一度加入**2**，用攪拌片混合。
5. 將已過篩的低筋麵粉加進**4**內，用攪拌片大略混合。然後加入大略弄碎的糖漬甜栗，再用橡皮刮刀混合。

烘焙&裝飾

巧克力淋醬（脆皮巧克力）（可可巴芮巧克力（Cacao Barry））……約800g
糖漬甜栗（Agrimontana公司）、杏仁、榛果……各40個

1. 模具內薄薄塗一層奶油（份量外）備用。
2. 用橡皮刮刀協助將蛋糕體麵糊（1個模具約395g）倒入**1**的模具內。用橡皮刮刀邊攪動蛋糕體麵糊，邊刮下模具邊緣的蛋糕體麵糊。將模具在台子上輕敲幾下以排出空氣。
3. 用設定150℃的對流烤箱烘烤約40分鐘。烤好後從模具中取出蛋糕體放在烤網上冷卻約60分鐘。再以急速冷凍庫（KOMA）冷凍約30分鐘後，用充足的巧克力淋醬包裹再放在烤網上，讓多餘的巧克力滴落。最後在上部均勻擺放甜栗、杏仁、榛果裝飾。

使用空心圓模具
表現具備高級感的蛋糕

南行信主廚經營的『Craquelin』在千葉市內開了3間門市。是以法國地方點心為開端，豐富陳列約52種正統烘焙甜點的人氣名店。只有門市之一的『Craquelin Alsace』內備有廚房，南行信主廚旗下所有門市的商品都是在這裡製作的。

本次介紹的「栗子空心圓蛋糕」是只在秋季到冬季供應的人氣蛋糕之一。使用底部直徑15㎝、高8.5㎝的空心圓模具，再附加華麗外觀和高級感，買來送禮用的顧客極多。

這個蛋糕的特徵是使用了約3倍低筋麵粉的法式杏仁（Pâtes d'amande）。它的效果是在蛋糕體麵糊中展現濃郁風味，以及食用而得到飽足感後，能夠再次引出餘韻的口感。

此外，使用九州產100%生乳的高千穗發酵奶油這一點也是一大特色。以圓潤的濃郁感和自然清爽的發酵風味帶出蛋糕體的美味。

製作重點在於適度摻入空氣。大量使用法式杏仁，則口感和味道容易變得厚重。要表現出潤澤感卻又不失輕盈，則必須在搓合奶油和精製細砂糖時徹底攪拌。不過，如果摻入太多空氣會使蛋糕體內出現氣泡，也會在表面產生凹凸小孔等不良影響。結束攪拌的時機，是當外觀開始變白，用手混合時能感覺「稍微變輕了！」的時候。

在內餡方面，追求與質地細緻的栗子蛋糕體口感契合的材料，而選用義大利產的「VERI MARRONI」。這是以無添加製造而知名的Agrimontana公司的商品，是帶有隱約香草風味的糖漬高級甜栗。

大略切開後投入蛋糕體麵糊內，強調咀嚼時在口中散發的栗子風味，同時也作為口感的亮點，加強餘韻的感覺。

此外，藉由完成時淋上厚厚一層巧克力淋醬（約2㎜厚），讓品嚐時能有巧克力的清脆口感，也能享受栗子與巧克力融合的濃醇滋味。

理想的蛋糕
首重「容易食用」

南主廚表示，他心目中理想的蛋糕是「被顧客永遠喜愛的『容易食用』的蛋糕」。重視食用容易度的理由在於客層。

由於顧客之間年長者和低年齡的孩童相當多，因此會特別思考內餡材料的大小、利口酒的使用、咀嚼感等。以「栗子空心圓蛋糕」為例，製作過程中完全不使用利口酒，而是利用栗子膏或法式杏仁等口感濃郁的材料提升風味。

除此之外，在「水果內餡蛋糕」當中只放入極少量的果乾，讓咀嚼不須太費力等，期許自己製作的每個蛋糕都能讓任何人輕鬆品嚐。

此外，門市不在東京都內，而是千葉市內，從地區性來看，購賣整條蛋糕自用的顧客較少，因此店內固定備有約10種切片蛋糕，展現購買的方便性。至於送禮使用時，只要當整條蛋糕必須花費1000日圓以上，顧客便經常會選擇多種切片蛋糕組裝成一盒送禮。

蛋糕的變化豐富，平常以7種磅蛋糕的切片蛋糕為基礎，且為了讓顧客保有新鮮感，每個月還會再推出1～2種季節商品。

具體來說，以「本月蛋糕」為題，5～6月推出「野草莓蛋糕」，夏季有開心果，秋天是無花果，冬天是榛果咖啡等。

此外，人氣商品「週末蛋糕」是南主廚在研修時於法國『DALLOYAU』初次品嚐便被其美好滋味深深感動的過程商品化後的作品。除了原味的以外，也以切片方式販售可可和覆盆子等2種口味，以其他門市所沒有的蛋糕吸引顧客。

切片蛋糕只要放入除氧劑後密封就能維持一定品質，但考慮到蛋糕體變乾以及藥劑味轉移等味道變化，因此設定賞味期限為2個星期。

Varié

別出心裁的花樣變化

在分類時，以混入果乾或水果蜜餞等所謂「水果蛋糕」或「果肉內餡安格斯蛋糕」等綜合果乾蛋糕為最優先，其次是巧克力蛋糕體、焦糖蛋糕體、使用紅茶的蛋糕體。其他另挑選出幾種以口感為主特徵素材的蛋糕加以介紹。

綜合果乾&水果蜜餞

PUISSANCE →P24

法式蛋糕

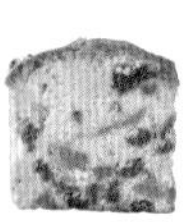

1條 2200日圓（未稅）／1切片 230日圓（未稅）
供應期間　整年

將浸漬在蘭姆酒內超過1星期以上的葡萄乾、櫻桃乾和杏桃乾混入蛋糕體麵糊內。烘烤過程中將烤盤的前後方向對調時，在表面擺放糖漬櫻桃和酒漬野草莓乾。

Pâtisserie La Girafe →P29

水果蛋糕

1條 大型1400日圓、小型800日圓（各未稅）
1切片 240日圓（未稅）／供應期間　整年

以傳統的果肉內餡安格斯蛋糕為構想主軸，目標做出符合現代口味又有深度的味道。在蛋糕體麵糊內加入苦味偏重的黑焦糖，再加入多個已充分入味的蘭姆酒漬水果蜜餞，之後放進烤箱烘烤即完成。

Maison de Petit Four →P34

水果百匯蛋糕

1條 1836日圓（含稅）
供應期間　整年

香氣並非來自傳統的蘭姆酒，而是特地使用白蘭地散出微苦香味。與蘭姆酒圓潤的香氣對照，能感受到白蘭地適當酒精苦味的男性香氣，並以此為特徵。蛋糕體內的果乾有葡萄乾、柳橙乾、檸檬乾、櫻桃乾等5～6種。

matériel →P12

水果內餡蛋糕

1條 1500日圓（含稅）／1切片 210日圓（含稅）
供應期間　整年

經典蛋糕。裡面放入大量約10種用蘭姆酒浸漬過的水果。為了不讓蛋糕體遜於豐富水果，特地使用紅砂糖代替精製細砂糖，打造出不甜膩的濃郁口感。以肉桂粉提味，也添加些許清涼感。

Pâtisserie Voisin →P18

水果蛋糕

1條 1450日圓（含稅）／1切片 200日圓（含稅）
供應期間　整年

使用相同比例的4種食材（奶油、砂糖、雞蛋、麵粉）做基底，再以糖油拌合法做成簡約樸實的蛋糕體。將幾乎等量的半乾燥無花果、杏桃、黑棗與蛋糕體麵糊混合，使水果的味道擴至整體。最後以杏桃利口酒增添香氣。

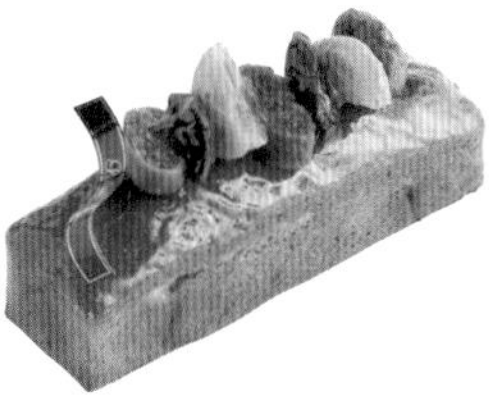

PATISSERIE LES TEMPS PLUS →P58

果肉內餡安格斯蛋糕

1條 大型1944日圓、小型1296日圓（各含稅）
1切片 324日圓（含稅）／供應期間　整年

以相同比例的4種食材（奶油、砂糖、雞蛋、麵粉）為基本，煨糖煮柳橙、檸檬、櫻桃、鳳梨以外，另加入浸漬蘭姆酒內約1個月的葡萄乾和無花果乾製成此蛋糕。各種水果交織的風味，以及完成品上塗抹的蘭姆酒香氣皆極富魅力。

LE JARDIN BLEU →P62

水果蛋糕

1條 1500日圓（未稅）
供應期間　整年

以磅蛋糕為基礎製成的法式經典蛋糕。在綿密濃稠的蛋糕體麵糊內加入豐富大量的櫻桃乾、葡萄乾、糖煮柳橙或糖煮鳳梨、核桃等內餡材料。

Pâtisserie Etienne →P70

水果蛋糕

1條 2100日圓（含稅）
供應期間　整年

利用紅砂糖和褐色奶油增加濃醇風味與香氣的蛋糕。將浸漬在黑蘭姆酒內約2個月的無花果、杏桃、黑棗等果乾和堅果混合後擺在頂部，最後淋上透明糖衣就完成了。

Arcachon →P74

果肉內餡安格斯蛋糕

1條 1700日圓（含稅）
供應期間　整年

在蛋糕體的配方中增加杏仁粉的含量，藉以展現潤澤感。完成時要在表面塗抹杏桃醬，增加酸甜感和風味。內餡材料的果乾為葡萄乾、櫻桃乾、柳橙乾、杏桃乾等4種。

Pâtisserie Yu Sasage →P42

水果蛋糕

1條 1860日圓（含稅）／1切片 290日圓（含稅）
供應期間　整年

並非是異動了在實習店家——東京『A.Lecomte』所學的配方，而是承襲其作法後另行研發出來的蛋糕。幾乎看不見蛋糕體麵糊般大量地使用果乾，能品嚐到濃醇甜味的融合感。果乾有柳橙、檸檬、鳳梨、葡萄乾、櫻桃等5種。

GÂTEAU DES BOIS →P38

水果蛋糕

1條 2200日圓（未稅）
供應期間　整年

在添加蜂蜜的蛋糕體麵糊內混入店家自製的果乾烘烤製成。果乾有櫻桃、柳橙、蔓越莓、無花果、葡萄乾等。洋酒則使用蘭姆酒和櫻桃酒。

PÂTISSERIE Acacier →P50

水果蛋糕

1條 1650日圓（含稅）／1切片 280日圓（含稅）
供應期間　整年

以相同比例混合高筋麵粉和低筋麵粉做成的蛋糕體，同時，加入蓋朗德（Guérande）的鹽提味，並放入大量的蘭姆酒漬果乾，其中特地選用口感豐富的黑櫻桃取代櫻桃乾，更能增添滋味。最後，在表面放上糖漬水果裝飾出華麗感。

pâtisserie gramme →P54

水果蛋糕

1條 1550日圓（含稅）
供應期間　整年

在蛋糕體麵糊內混入徹底浸漬在蘭姆酒內超過2星期以上的果乾，口感經典正統又有深度。頂部奢華地擺上略帶苦味的帕倫西亞糖煮柳橙、柔軟的無花果乾、大顆粒的黑棗等。

ÉLBÉRUN→P90

水果蛋糕

1條 2100日圓（含稅）
供應期間　整年

將葡萄乾、櫻桃、梅子的甘露煮等洋酒浸漬物，和未烘烤的生胡桃一同放進巧克力蛋糕體麵糊內烘烤。由於主要浸漬液使用了白葡萄酒，因此整體呈現圓潤口感。

Agréable→P78

巧克力水果內餡蛋糕

1條 1250日圓（含稅）／1切片 220日圓（含稅）
供應期間　整年

在水果內餡蛋糕（P.78）的蛋糕體麵糊內加入可可粉，做成巧克力風味的水果蛋糕。放入可可粉會使整體變重，因此必須將融化的奶油溫度提高一些。巧克力口感和蘭姆酒的濃郁風味，也是大人偏好的味道。

Pâtisserie PARTAGE→P94

水果蛋糕

1條 2300日圓（含稅）／1切片 230日圓（含稅）
供應期間　整年

在加有肉桂、肉豆蔻、丁香、芫荽等粉類的蛋糕體麵糊中加入核桃以及已在各適當利口酒內浸漬完成的果乾，接著放入烘烤。烘烤完成後滴入少許高級干邑甜酒（60°）的糖漿，以製造香氣。

Agréable→P78

格雷伯爵茶風水果內餡蛋糕

1條 1250日圓（含稅）／1切片 220日圓（含稅）
供應期間　整年

在水果內餡蛋糕（P.78）內增添加藤主廚喜愛的格雷伯爵茶香氣。在融化的奶油內放入1成格雷伯爵茶的茶葉，蒸煮後萃取。也可以使用格雷伯爵茶膏製作，是能夠享受豐潤香氣的奢華蛋糕。

pâtisserie Ciel bleu→P98

水果蛋糕

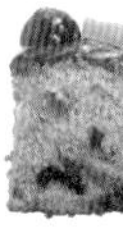

1條 1000日圓（含稅）
供應期間　整年

在質地細緻的蛋糕體麵糊內，加入用來帶出濃郁感和深度的焦糖，以及增添口感變化和微微焦香的烤杏仁片，使外觀看起來雖然和普通的水果蛋糕無異，卻有與其他水果蛋糕不同的獨特風味。

pâtisserie équi balance→P82

水果蛋糕

1條 1450日圓（含稅）
供應期間　整年

將葡萄乾、杏桃、黑棗、無花果、柳橙、檸檬、櫻桃浸漬在白蘭地中，大量地放入蛋糕體麵糊內一起烘烤。黑棗和杏桃的裝飾可隨時調整。用來切片販售（240日圓，含稅）的，通常會以磅蛋糕的模具烘烤。

Pâtisserie Miraveille→P106

水果內餡蛋糕

1切片 200日圓（未稅）
供應期間　整年

將數種果乾浸漬在蘭姆酒內，再將果乾混入已用調味香料提味完成的麵糊中，最後送入烘烤製成蛋糕。在充滿葡萄酒般的水果香氣裡，散發帶有高級感的絕佳風味。

W.Boléro→P86

阿爾薩斯蛋糕

1切片 240日圓（未稅）
供應期間　整年

是以法國阿爾薩斯地方的鄉土甜點「西洋梨麵包（Berawecka）」為構思來源製作的水果蛋糕。在放入肉桂、八角、肉豆蔻的蛋糕體內，扎實地添加美味果乾和堅果。搗碎松子加進其中，讓蛋糕體更增添香氣。

Pâtisserie Cache-Cache →P134

水果內餡蛋糕

1切片 230日圓（含稅）
供應期間　整年

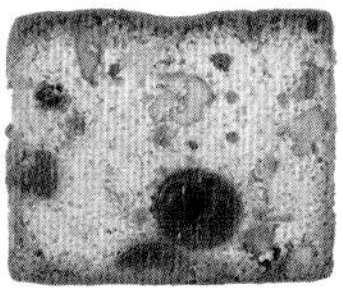

在杏仁膏為基底的蛋糕體麵糊內加入杏仁粉，做出更具潤澤感的蛋糕體。除煨煮的水果外，另加入黑櫻桃作為亮點，同時，核桃因生的口感較佳，也特地加入未烘烤的生核桃。

Pâtisserie Liergues →P138

鮮水果蛋糕

1條 1780日圓（含稅）
供應期間　整年

切片示意圖（磅蛋糕模具）

磅蛋糕的蛋糕體麵糊內放入多種蘭姆酒浸漬的水果，增添杏仁香氣與清脆口感。蛋糕的大膽裝飾也令人印象深刻。切片販售（210日圓，含稅）的會使用另一種磅蛋糕的模具烘烤（右上方照片）。

Pâtisserie La cuisson →P142

水果蛋糕

1條 1400日圓（含稅）／1切片 180日圓（含稅）
供應期間　整年

蛋糕體麵糊內混入的綜合果乾使用浸漬在蘭姆酒內約1星期的水果。做出的成品呈現輕盈口感，能品嚐到水果的新鮮感。烘烤完成時會在表面塗抹香檳「MARC DE CHAMPAGNE」，增加奢華的高級感。

Craquelin →P150

水果內餡蛋糕

1切片 240日圓（含稅）
供應期間　整年

食材選用黑無花果、櫻桃、葡萄乾、柳橙等4種果乾。使用了黑蘭姆酒「Rhum NEGRITA BARDINET」，讓深刻香氣和風味成為亮點。蛋糕體內的水果份量比基本份量少一些，這是為了讓無法嚼食硬物的長者也能輕鬆食用而施展的巧思。

PÂTISSERIE APLANOS →P110

水果蛋糕

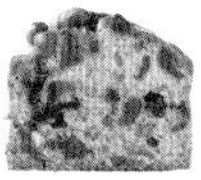

1條 1950日圓、半條 1050日圓（各未稅）
1切片 210日圓（未稅）／供應期間　整年

將黑棗乾、杏桃乾、葡萄乾、柳橙乾浸漬在蘭姆酒內半個月以上，與開心果、杏仁、核桃一起混入麵糊內。烘烤完成後，在蛋糕體表面滴入蘭姆酒，將整條蛋糕蓋住靜置一晚，讓香氣擴散到整體。

LE PÂTISSIER T.IIMURA →P114

水果風味蛋糕

1切片 225日圓（未稅）
供應期間　整年

潤澤的蛋糕體口感是其一大特徵，由果乾的熟成甜味和風味決定整體味道的人氣蛋糕。清爽的餘韻比巧克力類型更具特色。果乾則選用葡萄乾、柳橙乾、櫻桃乾、蘋果乾等4種。

Comme Toujours →P118

水果內餡蛋糕

1切片 180日圓（含稅）
供應期間　整年

混入半乾燥的柳橙皮、無花果、黑棗、杏桃，以及用蘭姆酒煮軟的葡萄乾、核桃的水果蛋糕。烘烤完成後立刻滴入白蘭地的糖漿，能使酒精飛散，抑制酒精特有的味道。

Pâtisserie SERRURIE →P122

綜合果乾蛋糕

1條 1050日圓（含稅）／1切片 200日圓（含稅）
供應期間　整年

使用大量堅果的水果蛋糕。內餡包括杏仁、榛果、核桃等堅果，以及用蘭姆酒浸漬過的半乾燥黑棗、杏桃、葡萄乾等。

Pâtisserie La cuisson →P142

巧克力無花果蛋糕

1條 1400日圓（含稅）／1切片 160日圓（含稅）
供應期間　整年

使用法式生杏仁製作杏仁蛋糕的蛋糕體麵糊，如此一來，即使加入融化的巧克力，蛋糕體依然不會緊繃，能烘烤出鬆軟口感。放入與巧克力口感契合的紅葡萄酒煨煮過的無花果乾。

GÂTEAU DES BOIS →P38

無花果巧克力蛋糕

1條 2200日圓（未稅）
供應期間　整年

在加入核桃粉的巧克力蛋糕體麵糊內，混入切碎的半乾燥無花果。能品嚐到蛋糕體濃醇圓潤的獨特口感以及豐富風味，是充滿奢華感的蛋糕。

Pâtisserie PARTAGE →P94

水果巧克力蛋糕

1條 2300日圓（含稅）／1切片 230日圓（含稅）
供應期間　整年

在可可膏的蛋糕體麵糊內加入無花果乾、黑棗乾、葡萄乾、糖煮柳橙、烘烤的核桃，烘烤完成後再用煮黑醋栗賦予香氣。散發苦味的潤澤蛋糕體和水果各有不同嚼勁，滋味美好。

W.Boléro →P86

黑果巧克力蛋糕

1切片 200日圓（未稅）
供應期間　整年

混入紅葡萄酒漬黑色水果（黑棗、無花果、小顆粒無核葡萄乾）的巧克力蛋糕。可可粉的可可脂較少，會使風味稍微差一些，因此使用可可膏在蛋糕體上反映出巧克力的美味。

巧克力蛋糕體

pâtisserie équi balance →P82

無花果巧克力蛋糕

1條 1450日圓（含稅）
供應期間　整年

『équi balance』的蛋糕中人氣最高的一款。巧克力蛋糕體為基底，搭配紅葡萄酒煨煮的潤澤無花果。有獨特風味，能感覺到奢華的成熟味道。

pâtisserie Ciel bleu →P98

鮮橙無花果蛋糕

1條 1600日圓（未稅）
供應期間　冬季

在含有無花果乾和柳橙乾的薩赫蛋糕風的蛋糕體內夾入甘納許，再用添加杏仁的巧克力鏡面淋醬包覆。原是設計成情人節用的蛋糕，但現在因顧客要求，更改成冬季限定商品。送禮使用時會以真空包裝的方式提供。需要冷藏。

Pâtisserie Liergues →P138

無花果蛋糕

1條 1580日圓（含稅）
供應期間　整年

在奢華地大量使用巧克力和奶油的蛋糕體內，加入杏桃酒浸漬的無花果。巧克力、奶油、無花果等口味契合的3種材料醞釀出香氣，酥脆口感使美味更加分。

matériel →P12

諾曼第巧克力蛋糕

1條 1500日圓（含稅）／1切片 210日圓（含稅）
供應期間　夏季以外

用牛奶巧克力和可可粉製作出濃郁的巧克力蛋糕。使用卡巴度斯蘋果酒（Calvados）拌炒蘋果後切成塊狀，和葡萄乾一起混進蛋糕體麵糊內，做出濃醇當中也能品嚐到水果微酸與香氣的風味。

Pâtisserie Etienne →P70

巧克力蛋糕

1條 2000日圓（含稅）
供應期間　夏季以外

在蛋糕體內放入可可含量66%的巧克力甘納許。將烘烤過的榛果用於蛋糕體的內餡搭配與外層裝飾，可增加濃醇口感。滴入柑曼怡香橙干邑香甜酒（Grand Marnier）也能增添柳橙香氣。

Comme Toujours →P118

巧克力蛋糕

1條 2100日圓（含稅）／1切片 180日圓（含稅）
供應期間　整年

散發巧克力香氣的蛋糕。混合可可粉、苦巧克力、鮮奶油的蛋糕體，其苦味和甜味均衡調和且風味高雅，另加入了不過分突出的蘭姆酒，讓可可的深層口感能展現在每一口。

PATISSERIE le Lis →P126

巧克力蛋糕

1切片 202日圓（未稅）
供應期間　整年

在可可蛋糕體麵糊中混入杏仁粉提高香氣和濃郁感。烘烤完成後暫時倒置，讓蛋糕體穩定。混入的巧克力會在烘烤完成後依然保有存在感，和蛋糕體的潤澤感均勻調和。

Pâtisserie SERRURIE →P122

栗子巧克力蛋糕

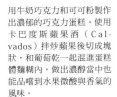

1條 1050日圓（含稅）／1切片 200日圓（含稅）
供應期間　整年

在摻有蘭姆酒的巧克力蛋糕體麵糊內混入栗子一起烘烤。烘烤完成後，將蛋糕體浸在糖漿內，因此有潤澤和柔軟的口感。栗子裝飾也有告知內容物的效果。

pâtisserie gramme →P54

香橙巧克力蛋糕

1條 1550日圓（含稅）
供應期間　整年

含有可可粉的蛋糕體內摻有浸漬在柑曼怡香橙干邑香甜酒（Grand Marnier）內超過2個星期的白無花果和糖煮柳橙。採用放入融化奶油的製法，做出溫和口感。也很適合搭配紅酒或起司，是成熟大人偏愛的口味。

Pâtisserie La Girafe →P29

巧克力蛋糕

1條 大型1400日圓、小型800日圓（各未稅）
1切片 240日圓（含稅）／供應期間　整年

這款蛋糕使用了適合和巧克力搭配的榛果和柳橙。在苦巧克力的蛋糕體麵糊內，混入結塊的榛果杏仁膏、牛奶巧克力片、糖煮柳橙一起烘烤，讓味道濃郁且變化豐富。

pâtisserie mont plus →P66

榛果香風味蛋糕

1條 1430日圓（未稅）／1切片 230日圓（未稅）
供應期間　整年

在加入充足榛果的巧克力蛋糕體麵糊內混入橙皮製成的蛋糕。橙皮是在柑曼怡香橙干邑香甜酒（Grand Marnier）內浸漬製成。烘烤完成後，將杜松子酒當作酒糖液滲入蛋糕中。

Pâtisserie Yu Sasage →P42

燒巧克力香蕉蛋糕

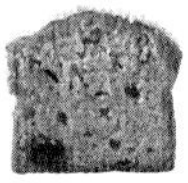

1條 1680日圓（含稅）
供應期間　不定期

構思基礎是巧克力香蕉。將白巧克力用120℃的烤箱烘烤約1小時，做成類似焦糖般的濃醇巧克力，再投入到蛋糕體麵糊內提味。香蕉則是加工成糊狀後才加進去。香蕉和巧克力的雙重濃度發揮黏稠作用，濃稠口感也極有個性。

ÉLBÉRUN →P90

巧克力杏仁蛋糕（白巧克力）

1條 1800日圓（含稅）
供應期間　整年

使用白巧克力的巧克力杏仁蛋糕。它的原名Mandel-masse，在德語中是「杏仁糊」的意思。蛋糕體內放入糖煮柳橙和糖煮杏桃以增加潤澤感，做成牛奶風味的巧克力蛋糕。

ÉLBÉRUN →P90

木夢

2條 1800日圓（含稅）
供應期間　整年

在白巧克力蛋糕「巧克力杏仁蛋糕（白巧克力）」（上述）的蛋糕體內夾入黑櫻桃，再用派皮捲起來烤出微焦香。商品名稱「木夢」，是門市從招募命名的選項中挑選決定的。

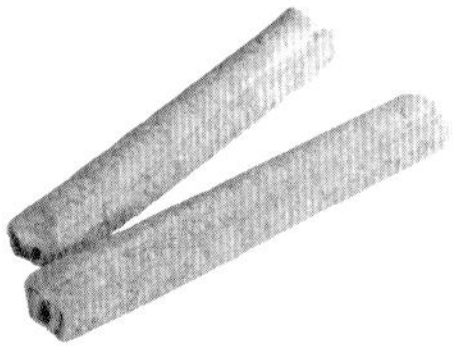

Pâtisserie Shouette →P130

經典巧克力蛋糕

1條 1950日圓（含稅）／1切片 195日圓（含稅）
供應期間　整年

巧克力濃郁的『Pâtisserie Shouette』版的法式巧克力蛋糕。使用VALRHONA法芙娜公司可可含量66%的黑巧克力「CARAÏBE」，製出高雅奢華且極富深度的風味。製作過程不使用洋酒，是從大人到小孩等各年齡層皆可食用的蛋糕。

pâtisserie plaisirs sucrés →P102

巧克力長條蛋糕

1條 1050日圓（含稅）
供應期間　整年

使用比利時產的巧克力，刻意控制甜度。能強烈感覺到可可的香氣，是推薦巧克力愛好者品嚐的蛋糕。

PATISSERIE LES TEMPS PLUS →P58

巧克力蛋糕

1條 大型1620日圓、小型1080日圓（各含稅）
1切片 250日圓（含稅）／供應期間　整年

這是用加入可可風味強烈的VALRHONA法芙娜公司的可可粉，做成微苦成熟風的蛋糕。使用與巧克力口感契合的花生油取代奶油，利用特濃鮮奶油（crème double）補充濃郁感。用150℃仔細烘烤1小時。

Arcachon →P74

巧克力碎塊蛋糕

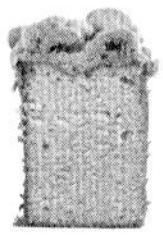

1條 1500日圓（含稅）
供應期間　整年

用烤箱烘烤白巧克力至微焦程度，用於蛋糕體麵糊內，做出宛如焦糖般的味道。再將其他巧克力弄碎，做成上部的裝飾，使外觀展現出華麗氣氛，並增加口感與濃醇風味。

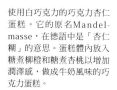

Pâtisserie Française Archaïque →P6

焦糖磅蛋糕

1條 大型600日圓、小型300日圓（各含稅）
供應期間　整年

為了讓相同比例的基本4種食材（奶油、砂糖、雞蛋、麵粉）製成的蛋糕體中感覺到粗糙感，而將部分奶油改成具保水性的酸奶油，使蛋糕體更潤澤。焦糖則是將砂糖炒焦以抑制甜味，同時能製作出豐富的焦糖風味。

Pâtisserie Française Archaïque →P6

西洋梨焦糖蛋糕

1切片 190日圓（含稅）
供應期間　整年

相對於蛋糕體麵糊的份量，這款蛋糕使用的焦糖份量較多，因此刻意降低焦糖的炒焦程度，並利用西洋梨利口酒散發香氣後才加進蛋糕體內。混入的西洋梨是將半乾燥的西洋梨用西洋梨利口酒泡軟後放入，因此能散發極高香氣。

PÂTISSERIE APLANOS →P110

焦糖西洋梨蛋糕

1條 1550日圓、半條 830日圓（各未稅）
1切片 185日圓（未稅）／供應期間　整年

在加有杏仁粉的蛋糕體麵糊內，混入有白蘭地香氣的焦糖奶油。先以焦糖糖漿泡軟西洋梨，再用奶油拌炒西洋梨，然後混入麵糊內才烘烤。是散發焦糖苦味又帶潤澤口感的蛋糕。

LE PÂTISSIER T.IIMURA →P114

焦糖果乾蛋糕

1切片 225日圓（未稅）
供應期間　整年

蛋糕體的製作採用粉油拌合法展現潤澤感。在高級的焦糖風味蛋糕體麵糊中加入切細碎的蘋果（乾燥的），增加酸甜感。另外再加入少許橙皮，展現清爽的餘韻。

焦糖蛋糕體

SUCRERIES NERD →P146

焦糖蛋糕

1條 1350日圓（未稅）
供應期間　整年

加入焦糖的偏苦味和香氣，使整體味道更有深度且帶有潤澤感的蛋糕。在蛋糕體麵糊中撒入切細碎的糖漬甜栗，栗子的甜味和舒暢口感也極有魅力。

Pâtisserie Voisin →P18

焦糖蛋糕

1條 1450日圓（含稅）／1切片 200日圓（含稅）
供應期間　整年

使用較濃稠的焦糖，以及杏仁、榛果、開心果等3種堅果製成的蛋糕。和「巧克力蛋糕」（P.18）一樣，使用食物調理機 Robot Coupe讓食材乳化。是能夠享受到焦糖苦味與甜味的逸品。

GÂTEAU DES BOIS →P38

焦糖覆盆子蛋糕

1條 2000日圓（未稅）
供應期間　整年

在混入覆盆子的焦糖微苦蛋糕體內，加入冷凍乾燥的覆盆子。酸味與甜味的絕妙均衡令人激賞。蛋糕體的顏色也極有魅力。

Pâtisserie Liergues →P138

焦糖鮮橙蛋糕

1條 1580日圓（含稅）
供應期間　整年

切片示意圖（磅蛋糕模具）

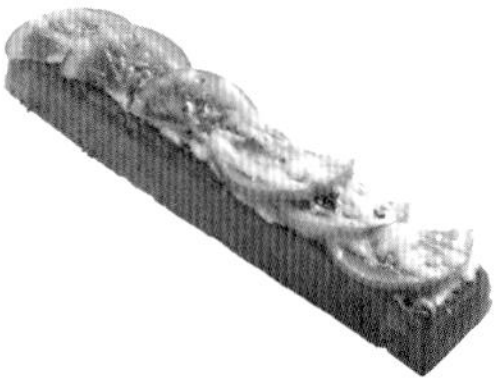

混入大量糖煮柳橙的焦糖磅蛋糕。散發焦糖的微苦味與柳橙的香氣。切片販售（210日圓，含稅）的會使用另一種磅蛋糕的模具烘烤（右上方照片）。

chez Shibata →P46

創意柳橙椰子焦糖蛋糕

1條 1600日圓（未稅）
供應期間　春季～夏季

在杏仁基調的蛋糕體麵糊內融入焦糖，再將切碎的橙皮混入蛋糕體內，然後在上層和側面都撒上椰子粉。滴入柑曼怡香橙干邑香甜酒（Grand Marnier），再用蛋白霜和橙皮裝飾。

pâtisserie mont plus →P66

無花果內餡蛋糕

1切片 230日圓（未稅）
供應期間　整年

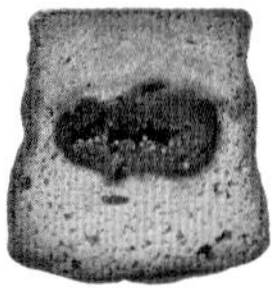

在蛋糕體麵糊內摻入焦糖，烘烤出充滿潤澤感的蛋糕。中心處的無花果是用紅葡萄酒浸漬而成。整顆放入，能品嚐到無花果特有的口感和多汁風味。

Pâtisserie PARTAGE →P94

蜜柑杏桃焦糖蛋糕

1條 2300日圓（含稅）／1切片 230日圓（含稅）
供應期間　整年

在帶有苦味的焦糖蛋糕體麵糊內，用烘烤出強烈焦香味的核桃、白葡萄酒、香草混合糖漬杏桃。然後在表面和側面塗抹蜜柑果泥，讓味道和香氣能在一開始即有強烈印象。

Pâtisserie La Girafe →P29

焦糖杏桃蛋糕

1條 大型1300日圓、小型750日圓（各未稅）
1切片 230日圓（未稅）／供應期間　整年

以鹽奶油焦糖（Caramel beurre Saler）為靈感製作的蛋糕體搭配杏桃。為展現生杏桃的新鮮感和酸味，而在土耳其產的杏桃乾內加入檸檬和柳橙一起煮，混入水果的果肉。

Maison de Petit Four →P34

鮮橙焦糖蛋糕

1條 1674日圓（含稅）
供應期間　整年

在焦糖風味的蛋糕體內混入糖煮柳橙的經典人氣蛋糕。濃醇的焦糖蛋糕體內加入柳橙的酸味和苦味，表現出輕盈的風味。使用柑曼怡香橙干邑香甜酒（Grand Marnier）加強特色，使柳橙的舒適香氣能在餘韻中殘留。

Pâtisserie Shouette →P130

焦糖香橙蛋糕

1條 1620日圓（含稅）／1切片 195日圓（含稅）
供應期間　整年

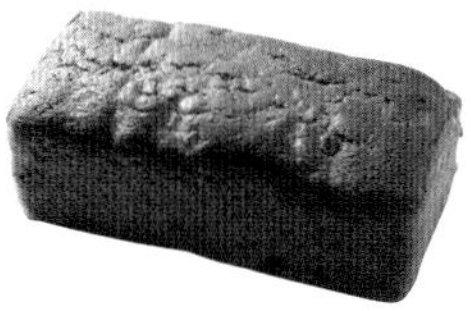

在與「焦糖甜栗蛋糕」（P.130）相同的焦糖蛋糕體麵糊中混入以蘭姆酒賦予風味的橙皮和綜合果乾。能品嚐到焦糖的微苦味、柳橙的清爽感，以及果乾的口感。

Maison de Petit Four →P34

香櫞細絲蛋糕

1條 1674日圓（含稅）
供應期間　整年

適當苦味的格雷伯爵茶蛋糕體內分散地放入糖煮檸檬，以聯想到「檸檬茶」的清爽滋味為特徵。蛋糕上部大膽地裝飾細長的糖煮檸檬，提升檸檬香氣的同時，也展現華麗的視覺效果。

pâtisserie Ciel bleu →P98

香櫞蛋糕

1條 850日圓（未稅）
供應期間　整年

以檸檬茶為靈感製成。將格雷伯爵茶的茶葉、檸檬皮磨成泥狀和果汁大量放入，使蛋糕體帶有酸味，然後加入紅茶浸漬的黑棗，並將杏桃醬和透明糖衣淋在整體上。

咖啡

matériel →P12

咖啡諾瓦蛋糕

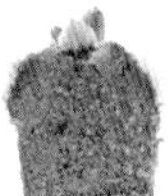

1條 1500日圓（含稅）／1切片 210日圓（含稅）
供應期間　不定期

在混入咖啡醬和焦糖的蛋糕體麵糊中加入切碎的核桃，增加酥脆嚼勁。表面也用杏仁和開心果等堅果裝飾，可以享用咖啡與堅果搭配的絕妙口感。是頗受男性歡迎的蛋糕。

紅茶

PUISSANCE →P24

紅茶酒漬蛋糕

1條 2200日圓（未稅）／1切片 230日圓（未稅）
供應期間　不定期

蛋糕體內混入格雷伯爵茶的醬，也因為雅文邑白蘭地（Armagnac）的作用，放入口中時會有豐富的香氣擴散。蛋糕內也混入了蘭姆酒漬的半乾燥無花果、杏桃、黑棗，能品嚐到不同的口感。

PATISSERIE LES TEMPS PLUS →P58

紅茶飄香蛋糕

1條 大型1944日圓、小型1296日圓（各含稅）
1切片 324日圓（含稅）／供應期間　整年

以紅茶的高雅風味為魅力的蛋糕。將格雷伯爵茶茶葉的粉末和紅茶膏混入蛋糕體麵糊內，並加入切碎的法國阿讓（Agen）產的煮黑棗。烘烤完成後，在表面塗抹大量的雅文邑白蘭地（Armagnac）提高香氣。

SUCRERIES NERD →P146

茶香磅蛋糕

1條 1350日圓（未稅）
供應期間　整年

在以磅蛋糕為基礎的蛋糕體麵糊內，加入用食物調理機Robot Coupe磨碎的格雷伯爵茶的茶葉，增添高雅的紅茶風味。不僅在外層裝飾上，蛋糕中也交互放入核桃和無花果乾，為口感增加亮點。

PÂTISSERIE Acacier→P50

大理石巧克力蛋糕

1條 1550日圓（含稅）／1切片 260日圓（含稅）
供應期間　整年

在牛奶內融解可可粉並與原味蛋糕體麵糊混合，然後將完成的可可蛋糕體麵糊和原味蛋糕體麵糊一起烘烤成大理石狀。淋上巧克力鏡面淋醬，然後在整條蛋糕上撒落巧克力包覆的珍珠巧克力米。

LE PÂTISSIER T.IIMURA→P114

大理石蛋糕

1切片 225日圓（未稅）
供應期間　整年

以不會出現完全相同造型的大理石紋路為特徵，質地細緻且綿密厚實的蛋糕體口感出色超群。將巧克力和原味的蛋糕體做成相同硬度，能使混合變得容易，可流暢地展現出大理石的紋路。

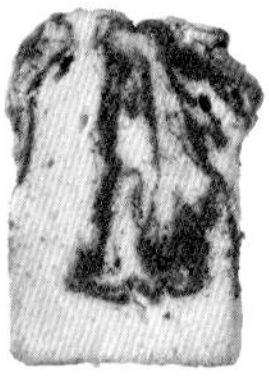

Comme Toujours→P118

大理石蛋糕

1條 2100日圓（含稅）／1切片 180日圓（含稅）
供應期間　整年

將「香草蛋糕」（P.173）和「巧克力蛋糕」（P.161）的蛋糕體混合成大理石狀烘烤製成的蛋糕。奶油的風味、香草的清甜香氣、巧克力的苦味彼此交織融合，能享受不同口感的多種美味。是深受大人與小孩喜愛的佳作。

Pâtisserie Cache-Cache→P134

大理石蛋糕

1切片 200日圓（含稅）
供應期間　整年

使用含杏仁粉的4種食材（相同比例的奶油、砂糖、雞蛋、麵粉）製成的蛋糕體。在部分蛋糕體麵糊內加入可可粉做成巧克力蛋糕體麵糊，然後層疊烘烤成大理石狀。再使用以香氣出色獲得好評的香草精「Mon Runion Vanille」增添芳醇香氣。

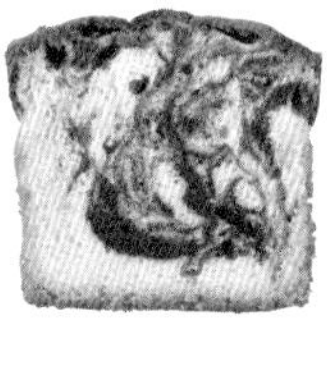

pâtisserie Ciel bleu→P98

咖啡諾瓦蛋糕

1條 800日圓（未稅）
供應期間　整年

咖啡搭配核桃的磅蛋糕。在咖啡風味的蛋糕體麵糊內也放入焦糖，帶出咖啡本身難以展現的濃醇和深度。烘烤的核桃焦香是一大特色，無論男女皆表示喜愛。

PÂTISSERIE Acacier→P50

大理石咖啡蛋糕

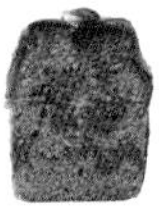

1條 1550日圓（含稅）／1切片 260日圓（含稅）
供應期間　整年

將咖啡風味的蛋糕體麵糊和焦糖蛋糕體麵糊烘烤成大理石狀。為了做出有抑揚頓挫與張力的奢華造型，將焦糖拌炒至接近焦黑是一大重點。最後再用巧克力鏡面淋醬和咖啡豆巧克力裝飾。

大理石蛋糕體

chez Shibata→P46

創意春天蛋糕

1條 1600日圓（未稅）
供應期間　春季～夏季

蛋糕體是將開心果和杏仁做成大理石的狀態。裡面有放入草莓果凍，並滴入櫻桃酒提升香氣。巧克力和覆盆子裝飾帶來的清脆口感也十分有趣。

Pâtisserie Yu Sasage →P42

卡特卡蛋糕

1條 1300日圓（含稅）／1切片 220日圓（含稅）
供應期間　整年

捧主廚創造的「卡特卡蛋糕（Quatre-Quarts）」是質地細緻且厚實的蛋糕體，但品嚐時能感覺到「輕盈」卻是一大特徵。蛋糕體內除了有加入檸檬果汁外，也有加入現擠的檸檬原汁，展現高香氣的檸檬風味。

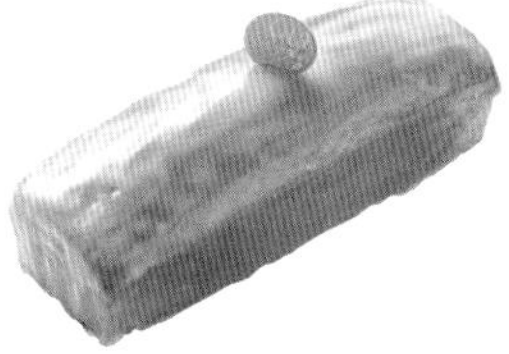

PÂTISSERIE Acacier →P50

布列塔尼卡特卡蛋糕

1條 1550日圓（含稅）／1切片 260日圓（含稅）
供應期間　整年

使用法國產的100％小麥粉。放入的紅砂糖比粉類、雞蛋、奶油還多，有獨特甜味和香氣，蓋朗德（Guérande）的鹽能將此特殊口感襯托得更明顯。烘烤完成後，依序抹上焦糖鏡面果膠、透明糖衣，再裝飾堅果碎仁，撒上鹽之花（Fleur de sel，法國知名海鹽）。

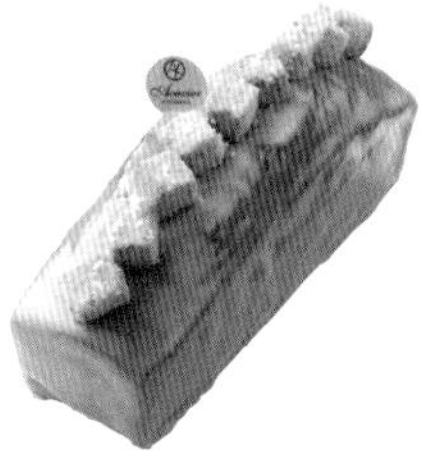

W.Boléro →P86

卡特卡蛋糕

1切片 180日圓（未稅）
供應期間　整年

奶油、砂糖、雞蛋、麵粉採用傳統的相同比例混合，再加入少量的普羅旺斯香草（Herbes de Provence）。不放入發粉，以自然方式膨脹，是口感出色的蛋糕。奶油使用法國PAMPLIE（與ECHIRE相鄰的鄉村）產的高級奶油。

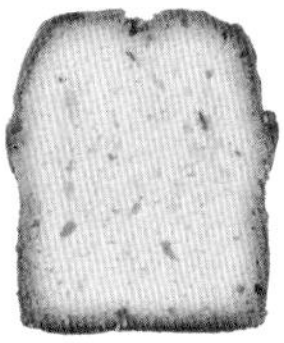

PÂTISSERIE APLANOS →P110

鮮橙巧克力蛋糕

1條 1550日圓、半條 830日圓（各未稅）
1切片 185日圓（未稅）／供應期間　整年

使用比利時產的巧克力製成麵糊，再和含有切碎橙皮的麵糊一起烘烤成大理石狀。烘烤完成後，在表面滴入索米爾橙皮甜酒（Saumur Triple Sec），再將整條蛋糕包覆住靜置一晚，讓香氣充滿整體。

原味奶香

PUISSANCE →P24

卡特卡蛋糕

1條 1800日圓（未稅）
供應期間　整年

能品嚐到出爐時無敵美味的4種食材（相同比例的奶油、砂糖、雞蛋、麵粉）奶油蛋糕。一開始將砂糖混入奶油時，用電動攪拌器的打蛋器（高速）徹底打發。摻入大量空氣是讓蛋糕體的質地細緻、觸感蓬鬆的製作重點。

Maison de Petit Four →P34

原味海綿蛋糕

1條 1458日圓（含稅）
供應期間　整年

原味海綿蛋糕幾乎可說是西野主廚的基本蛋糕體。以扎實的蛋糕體為特徵，在低筋麵粉中混入米粉，做出輕盈又清新的口感。加入香草膏（NARIZUKA），增加甜度的香氣。

Craquelin →P150

栗子蛋糕

1切片 220日圓（含稅）
供應期間　整年

使用精緻紅糖（和田製糖「亞麻」）展現具濃郁感的甜味，以及褐色蛋糕體的顏色層次。蛋糕體做成有咬勁的狀態以配合甜栗的濃郁口感。使用白蘭地V.S.O為餘韻保留香氣。

pâtisserie plaisirs sucrés →P102

杏仁栗子長條蛋糕

1條 1050日圓（含稅）
供應期間　整年

這款蛋糕是在杏仁味強烈的法式杏仁蛋糕體內摻入了帶嫩皮的煮甜栗。接近法式杏仁奶油餡（Crème d'amande）的蛋糕體口感深獲老饕喜愛。

Pâtisserie Liergues →P138

榛果栗子蛋糕

1條 1780日圓（含稅）
供應期間　整年

切片示意圖（磅蛋糕模具）

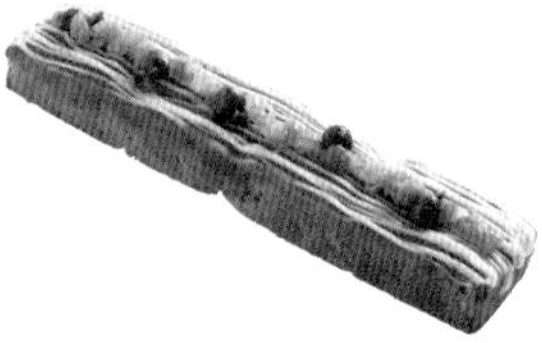

以榛果為基礎的蛋糕體香氣，搭配嫩皮甜栗的溫和甜味，是風味宜人的蛋糕。微焦的奶油香氣也頗有效果。切片販售（210日圓，含稅）的會使用另一種磅蛋糕的模具烘烤（右上方照片）。

栗子

Arcachon →P74

栗子蛋糕

1條 1550日圓（含稅）
供應期間　整年

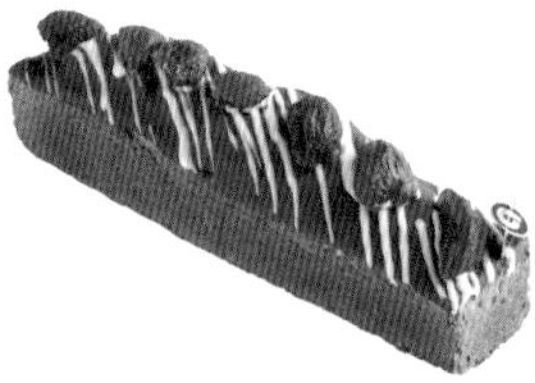

表層使用牛奶巧克力塗裝，以栗子裝飾，做出外型具華麗風格的經典蛋糕。在口感契合的栗子和巧克力蛋糕體麵糊內加入少量蘭姆酒，為餘韻增加亮點。

ÉLBÉRUN →P90

麥芽糖奶油蛋糕

1條 2100日圓（含稅）
供應期間　整年

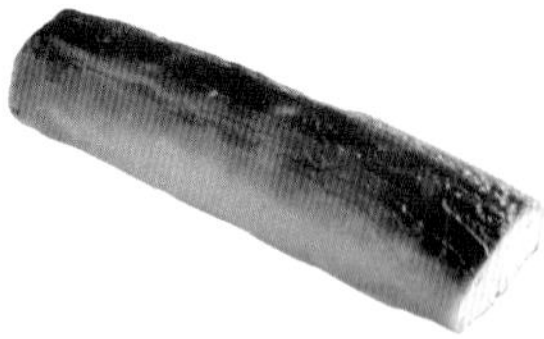

使用丹波栗和麥芽糖製成的蛋糕體。麥芽糖自然的甜味能帶出栗子原本纖細的好滋味，餘韻也十分清爽。這款蛋糕有男女老少皆喜愛的味道，因而始終擁有高人氣。

Pâtisserie Cache-Cache →P134

栗子蛋糕

1條 1900日圓（含稅）／1切片 210日圓（含稅）
供應期間　整年

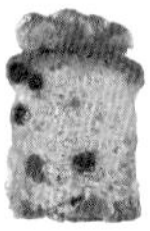

在蛋糕體內混入珍珠巧克力球和義大利Agrimontana公司的甜栗罐頭「VERI MARRONI」。烘烤完成後注入白蘭地糖漿，再同樣以Agrimontana公司的糖漬甜栗裝飾，最後用金箔妝點出奢華感。

Pâtisserie Miraveille →P106

香橼蛋糕

1條 910日圓（含稅）
供應期間　整年

基礎是卡特卡蛋糕（Quatre-Quarts），但是製作時是將奶油融化成澄澈狀態後才加入。觸感雖然柔軟，卻在軟嫩口感的蛋糕體內散發出清新的檸檬香氣，令人感覺舒暢。

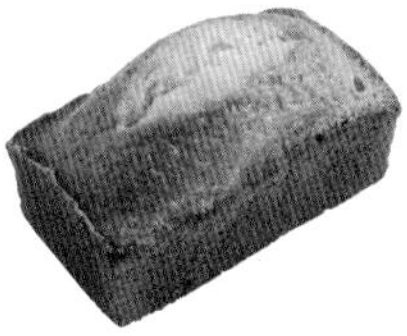

Pâtisserie Française Archaïque →P6

週末蛋糕

1條 1150日圓（含稅）
供應期間　整年

在原味的法式海綿蛋糕體內加入磨成泥狀的檸檬皮和檸檬汁，是風味清爽的蛋糕。烤好時，在外層塗抹店家自製的杏桃醬，並用透明糖衣塗裝。透明糖衣的獨特口感也相當有趣。

PATISSERIE LES TEMPS PLUS →P58

香橼週末蛋糕

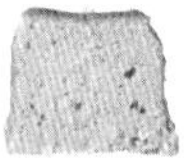

1條 1296日圓（含稅）
供應期間　整年

加入檸檬皮，以接近海綿蛋糕體的製法製作。做成入口即化般的輕盈口感，在正統蛋糕上賦予變化。最後加入的融化奶油使用褐色奶油，也能增添微焦香氣。

pâtisserie équi balance →P82

香橼週末蛋糕

1條 1450日圓（含稅）
供應期間　整年

具強烈印象的檸檬厚切片，是日本三重縣特產的梅爾檸檬（Meyer lemon）的糖漿浸漬品。梅爾檸檬以酸味圓潤且香氣高為特徵，果皮的苦味偏少。在蛋糕體內放入的檸檬不使用果汁，而是只混入果皮烘烤。

檸檬

Pâtisserie La Girafe →P29

香橼蛋糕

1條 大型1100日圓、小型650日圓（各未稅）
1切片 210日圓（未稅）／供應期間　整年

以不淋上透明糖衣的「週末蛋糕」為構思原型，以簡樸形式展現蛋糕體的美味。將檸檬果汁內浸漬一晚的煮檸檬作為配料，活用果皮富含的濃厚風味，強調蛋糕體本身的「檸檬」特色。

PÂTISSERIE Acacier →P50

香橼蛋糕

1條 1550日圓（含稅）／1切片 260日圓（含稅）
供應期間　整年

蛋糕體內加入磨成泥狀的檸檬皮，烘烤完成後，以蘭姆酒「Rhum NEGRITA BARDINET」和檸檬汁製成糖漿注入。雖看不見果實顆粒和果皮，卻能感覺到豐富的檸檬味和香氣，是其一大特徵。極小粒的巧克力芯片也是出色的亮點。

Arcachon →P74

香橼蛋糕

1條 1500日圓（含稅）
供應期間　整年

混合等量的香味巧克力「彩味檸檬」（明治），再和白巧克力一起覆蓋在上部，展現檸檬味的溫和酸味。外觀也做成檸檬色，為蛋糕賦予檸檬印象。在蛋糕體內加入檸檬皮，使風味更勝。

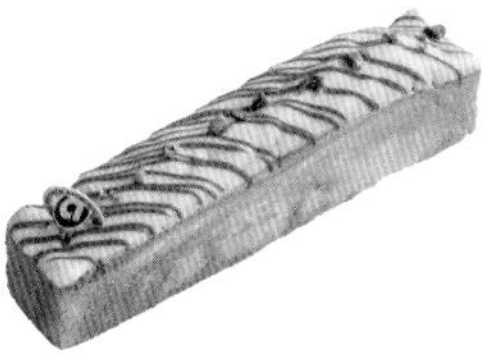

SUCRERIES NERD →P146

週末蛋糕

1條 1500日圓（含稅）
供應期間　整年

混合材料但不要打發出泡沫，能做出潤澤且質地細緻、入口即化的蛋糕體。完成時再淋上散發檸檬酸味的透明糖衣。使用瑪格麗特花朵造型的模具烘烤，只提供整塊販售，是店內的人氣商品。

Pâtisserie PARTAGE →P94

週末蛋糕

1條 2300日圓（含稅）／1切片 230日圓（含稅）
供應期間　整年

加入磨成泥狀的檸檬皮和果汁，烘烤出具潤澤感的蛋糕體，然後在表面用杏桃醬和透明糖衣塗層。通常是直接在常溫下放在蛋糕盤上陳列在冷藏展示櫃上，以免透明糖衣融解。

Craquelin →P150

週末蛋糕

1條 1200日圓（含稅）／1切片 200日圓（含稅）
供應期間　整年

蛋糕體的質地細緻，具潤澤感的口感是其特徵。內餡材料使用檸檬皮，增添爽快風味，烘烤完成後塗上杏桃鏡面果膠，增加酸甜滋味。用蛋白糖霜包裹整條蛋糕的脆口感也極有魅力。

Pâtisserie Shouette →P130

週末蛋糕

1條 1405日圓（含稅）／1切片 165日圓（含稅）
供應期間　整年

不淋上透明糖衣，做成能品嚐到蛋糕體本身檸檬味的蛋糕。在蛋糕體內加入檸檬汁和果皮，並利用酸奶油增加酸味，然後滴入煨煮檸檬製成的糖漿。清爽風味深受好評。

Pâtisserie Cache-Cache →P134

週末蛋糕

1條 1400日圓（含稅）
供應期間　整年

在含杏仁粉的潤澤蛋糕體內，利用磨成泥狀的檸檬皮和檸檬汁增加酸味，混入珍珠巧克力球，為口感和味道增添變化。烘烤完成後，並非滴入檸檬糖漿，而是將蛋糕體浸泡其中，是一大特色。

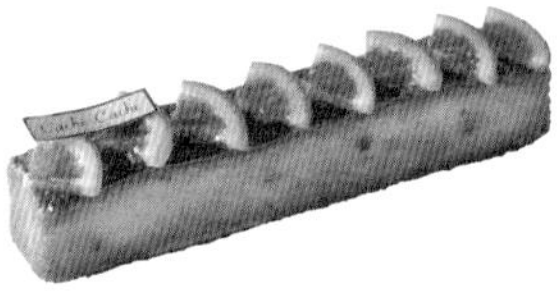

萊姆

pâtisserie gramme →P54

萊姆風味香橼週末蛋糕

1條 1250日圓（含稅）
供應期間　整年

萊姆風味的週末蛋糕。混入萊姆果汁的蛋糕體麵糊，在餘韻的清爽中加入褐色奶油增加風味，做出比週末蛋糕更輕盈的感覺。大人小孩皆能輕鬆品嚐，一整年都受到歡迎。

Pâtisserie La cuisson →P142

香橼週末蛋糕

1條 1400日圓（含稅）／1切片 160日圓（含稅）
供應期間　整年

控制奶油的量，利用酸奶油、現擠檸檬原汁、檸檬皮等材料，使口感清爽美味。完成的蛋糕體要在冰箱靜置一晚，讓粉末粒子吸收水分後再烘烤，能做出具潤澤感且入口即化的美味。

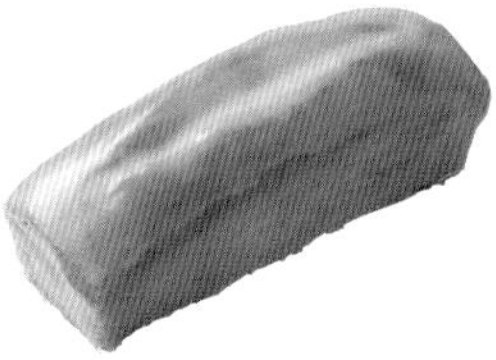

八朔柑

Pâtisserie Etienne →P70

八朔柑磅蛋糕

1條 1800日圓（含稅）
供應期間　3月～5月左右

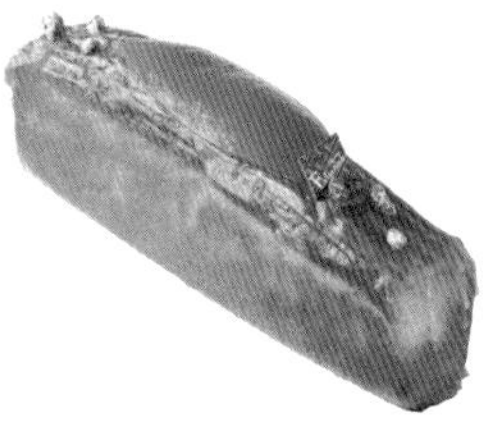

在使用特濃鮮奶油（crème double）的週末蛋糕的蛋糕體內，加入德島產八朔柑的果肉、果汁、果皮，是能品嚐當季美味的蛋糕。烘烤完成時，滴入八朔柑糖漿，並在上部大膽地以糖煮八朔柑妝點。

柳橙

Pâtisserie Française Archaïque →P6

柳橙蛋糕

1條 1350日圓（含稅）／1切片 190日圓（含稅）
供應期間　整年

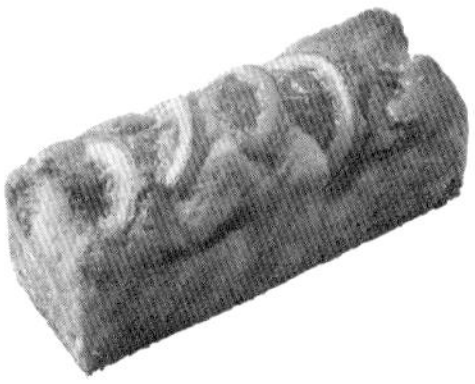

在混合4種食材（相同比例的奶油、砂糖、雞蛋、麵粉）的法式鬆糕和法式杏仁奶油餡的蛋糕體麵糊內混入切碎的橙皮。蛋糕體的甜味濃郁，越嚼越能感到潤澤美味。豐富的柳橙香氣和味道也極富魅力。

LE JARDIN BLEU →P62

鮮橙蛋糕

1條 1500日圓（未稅）
供應期間　整年

將奶油量減少，加入蛋白霜來做出輕盈口感。在蛋糕體麵糊內加入糖煮柳橙以外，也加入法國產的柳橙醬，並在完成時於表面塗抹柑曼怡香橙干邑香甜酒（Grand Marnier）增添香氣。使用瑪格麗特花朵造型的模具做出華麗感。

香橙

matériel →P12

週末香橙蛋糕

1條 1500日圓（含稅）
供應期間　冬季～春季

在磅蛋糕內混入香橙皮和煮香橙，能品嚐到不同於檸檬的清爽香氣。周圍淋上脆皮白巧克力，再沾上杏仁顆粒，上層塗抹杏桃醬並裝飾糖煮香橙。

柑橘

ÉLBÉRUN →P90

柑橘週末蛋糕

1條 1950日圓（含稅）
供應期間　春季～初夏

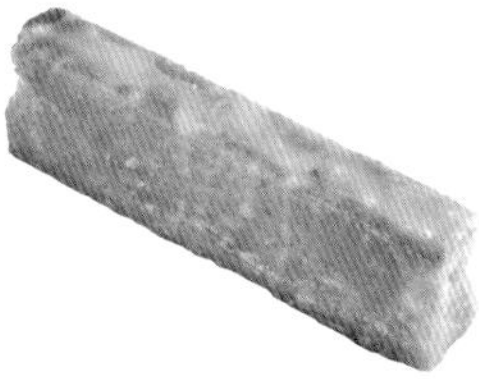

在蛋糕中完整且直接地發揮「柑橘」的香氣和水嫩滋潤感。夏季使用完熟白桃，冬季使用國產檸檬等，依季節改變水果的系列週末蛋糕之一。

河內晚柑

PÂTISSERIE APLANOS →P110

晚柑蛋糕

1條 1550日圓、半條 930日圓（各未稅）
1切片 195日圓（未稅）／供應期間　整年

使用只能在溫暖地區栽培的稀有晚柑。將煮晚柑的柑皮切成約1cm的塊狀，混進摻有杏仁粉的蛋糕體麵糊內。類似柳橙的清爽香氣和果皮特有的淡淡苦味相當有魅力。

Pâtisserie La cuisson →P142

鮮橙磅蛋糕

1條 1400日圓（含稅）／1切片 160日圓（含稅）
供應期間　整年

放入大量雞蛋的蛋糕體麵糊較不易乳化，因此採用粉油拌合法。在質地細緻的潤澤蛋糕體麵糊內混入糖煮柳橙等材料烘烤。完成後塗抹君度橙酒（Cointreau），讓整條蛋糕充滿柳橙香氣。

Agréable →P78

橙果內餡蛋糕

1條 1250日圓（含稅）／1切片 220日圓（含稅）
供應期間　整年

活用糖漬柳橙皮（Sabaton公司「オレンジラメル」）的苦味與香氣的蛋糕。水果內餡蛋糕（P.78）系列會淋上香橙干邑白蘭地（Orange Cognac）的糖漿，但這裡是用柑曼怡香橙干邑香甜酒（Grand Marnier）的糖漿做出完成時的潤澤感。

Craquelin →P150

柳橙蛋糕

1切片 200日圓（含稅）
供應期間　整年

將整顆柳橙連皮一起燉煮後做成醬糊狀混入蛋糕體內的經典蛋糕。不使用糖煮柳橙而採用柳橙醬，能使品嚐瞬間有柳橙香氣在口中擴散。蛋糕體以質地細緻但口感不厚重並有適當柔軟度為特徵。

pâtisserie plaisirs sucrés →P102

柳橙長條蛋糕

1條 1050日圓（含稅）
供應期間　整年

享受柳橙和奶油契合口感的蛋糕。裝飾的柳橙是將生柳橙和糖漿擺在表層連同蛋糕體一起烘烤的成果。和蛋糕體呈一體感，且能感受到經由加熱而凝縮的柳橙香氣。

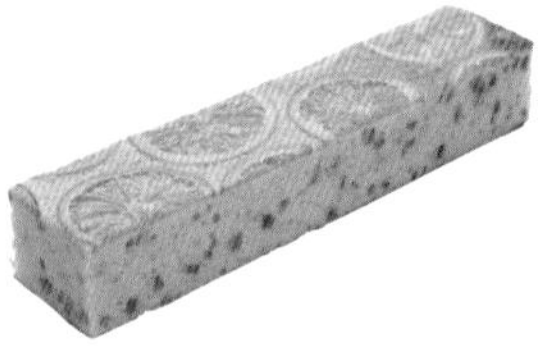

LE PÂTISSIER T.IIMURA →P114

柳橙果乾蛋糕

1切片 225日圓（未稅）
供應期間　整年

除了加入柳橙皮以外，也加入柳橙醬強調爽快香氣的經典蛋糕。使用35％鮮奶油的焦糖奶油提味，做出與柳橙調和的口味，並展現潤澤質地。

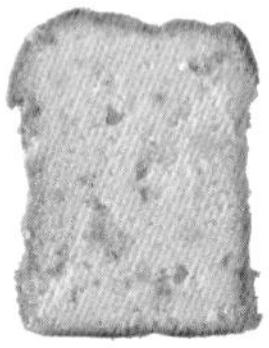

PATISSERIE le Lis →P126

柳橙風味蛋糕

1切片 202日圓（未稅）
供應期間　整年

在蛋糕體麵糊內混入食物調理機攪碎的糖煮柳橙、焦糖醬，再用柑曼怡香橙干邑香甜酒（Grand Marnier）增添香氣。能襯托出柳橙的清爽酸味和焦糖的微焦香氣與苦味。

黑棗

Arcachon →P74

黑棗風味蛋糕

1條 1500日圓（含稅）
供應期間　整年

用於材料和裝飾的黑棗，是法國南西部的阿讓（Agen）生產的商品。以甜味強、味道濃為特色。蛋糕體麵糊內除了黑棗以外，另加入雅文邑白蘭地（Armagnac）並混入做成糊狀的材料，然後在上部擺放達克瓦茲蛋糕體一起烘烤。

W.Boléro →P86

黑棗內餡蛋糕

1切片 180日圓（未稅）
供應期間　整年

法國阿讓（Agen）產的黑棗內餡蛋糕。黑棗最初是使用蘭姆酒浸漬，但為了發揮黑棗的樸實美味，而改用強化酒精的葡萄酒浸漬。在蛋糕體內保留已相互融合的棗泥狀和口感，並混入搗爛的黑棗，展現濃厚的素材感。

無花果

matériel →P12

無花果柳橙蛋糕

1條 1600日圓（含稅）／1切片 230日圓（含稅）
供應期間　整年

在使用法式杏仁提高杏仁味與潤澤感，並在蛋糕體麵糊內混入波特酒漬無花果、磨成泥狀的柳橙皮、巧克力芯片後烘烤。在上面的中央部位擠入柳橙醬就完成了。

Pâtisserie Miraveille →P106

無花果蛋糕

1條 910日圓（未稅）
供應期間　整年

將無花果乾浸漬在紅葡萄酒內，連同烘烤的核桃一起混入蛋糕體麵糊內。潤澤厚實的蛋糕體和香氣高的無花果，以及核桃的烘焙香十分契合，有豐富口感。

百香果

GÂTEAU DES BOIS →P38

鮮橙百香果蛋糕

1條 2100日圓（未稅）
供應期間　春季～夏季

在混入百香果果泥與杏仁膏（Rohmarzipan）的蛋糕體麵糊內加入椰子和半乾燥的柳橙，做成熱帶風的蛋糕。表層淋上杏桃醬，再以橙皮裝飾。

櫻桃

GÂTEAU DES BOIS →P38

黑櫻桃蛋糕

1條 2300日圓（未稅）
供應期間　整年

在放入蜂蜜、杏仁膏（Rohmarzipan）的溼潤蛋糕體麵糊內混入大量的黑櫻桃烘烤。淋上透明糖衣，將糖漬黑櫻桃裝飾在頂部的設計非常搶眼。

莓果

pâtisserie mont plus →P66

媽紅蛋糕

1條 1350日圓（未稅）／1切片 200日圓（未稅）
供應期間　整年

將木草莓、藍莓、黑醋栗（黑加侖）等4種莓果醬揉捏到麵糊內，再將烤好的半成品浸在醬裡，是「莓果感」豐富的蛋糕。切面色彩鮮豔。

Pâtisserie SERRURIE →P122

覆盆子蛋糕

1條 1050日圓（含稅）／1切片 200日圓（含稅）
供應期間　整年

烘烤加有覆盆子醬的蛋糕體麵糊，再浸到覆盆子利口酒「Crême de Framboise」的糖漿內，做成充滿潤澤感且徹底散發覆盆子風味的蛋糕。

Craquelin →P150

野草莓蛋糕

1切片 220日圓（含稅）
供應期間　5月～6月

春季登場的限定蛋糕。放入生草莓釀製的草莓醬，食用時同時展現鬆軟的草莓香擴散之感。也必須留意當草莓的甜味不夠時，必須用市售的果醬補足，維持一定的味道。

芒果

chez Shibata →P46

創意芒果樂園蛋糕

1條 1600日圓（未稅）
供應期間　夏季

以「芒果樂園」為名的蛋糕。在放入杏仁膏的杏仁與香草的蛋糕體麵糊內滲入柑曼怡香橙干邑香甜酒（Grand Marnier），上面再擺放含百香果的芒果凍。芒果凍是以果膠維持形狀且入口即化。

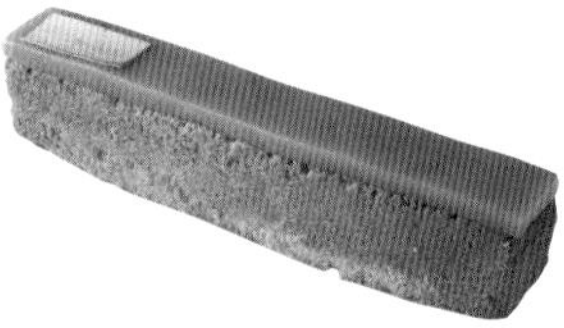

鳳梨

Pâtisserie Voisin →P18

鳳梨蛋糕

1條 1450日圓（含稅）
供應期間　夏季

將有夏季感覺的鳳梨和椰子結合。蛋糕體內不只放入糖煮鳳梨，也加入鳳梨果泥提高水果感。因水分多而不易乳化，因此利用杏仁粉混入讓材料黏結製成。

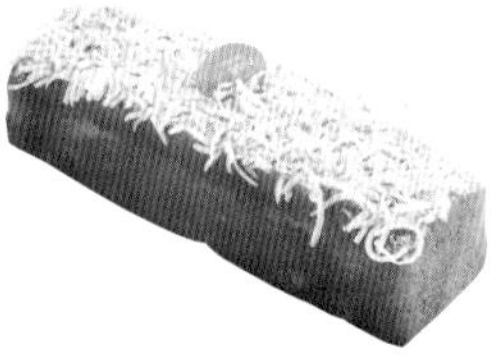

LE JARDIN BLEU →P62

鳳梨巧克力蛋糕

1條 1500日圓（未稅）
供應期間　整年

和「藍色花園紅茶香蛋糕（P.62）同樣以4種食材（相同比例的奶油、砂糖、雞蛋、麵粉）為基本製成蛋糕體麵糊，然後將切成2cm塊狀的煮鳳梨和椰絲混入烘烤。鳳梨的酸甜感和椰子的風味契合超群。

杏仁

pâtisserie gramme →P54

杏仁蛋糕

1條 1350日圓（含稅）
供應期間　整年

使用不讓人感覺苦澀的西班牙產馬爾科納（Marcona）品種的杏仁粉。在精製細砂糖中混入質樸濃郁的紅砂糖，以這種「身心舒暢的砂糖甜味」襯托出杏仁的濃郁奢華感。

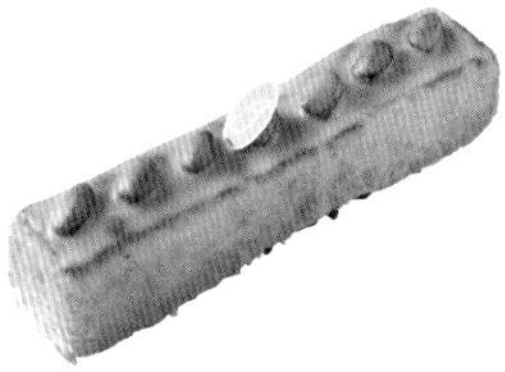

pâtisserie mont plus →P66

吉涅司

1條 1350日圓（未稅）／1切片 200日圓（未稅）
供應期間　整年

將平常烘烤成圓形的吉涅司（Pain de Gênes）用磅蛋糕模具烘烤做成蛋糕。扎實的口感以及苦杏仁的香氣和味道都極有魅力。杏仁風味則使用杏仁膏。

W.Boléro →P86

金字塔蛋糕

1切片 220日圓（未稅）
供應期間　整年

嚴格說起來它不是蛋糕，而是表現蛋糕模樣所做的作品。減少蛋白霜的法式巧克力經典風格蛋糕體和吉涅司的組合。中間夾入洋酒（白蘭地或櫻桃酒）浸漬的蔓越莓乾。

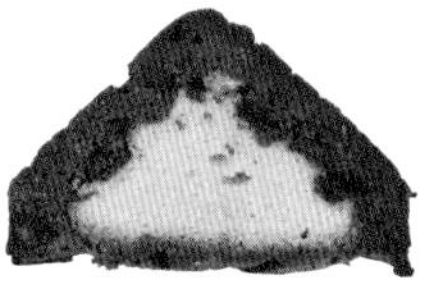

香草

pâtisserie gramme →P54

香草蛋糕

1條 1450日圓（含稅）
供應期間　整年

在香草的甘甜香氣、杏仁和榛果粉的濃郁與甜味中發揮豆蔻風味，表面則用焦糖覆蓋。豆蔻的香氣和焦糖的苦味使味道更複雜有深度。香草糖是使用含有1成馬達加斯加產的香草產品。

Comme Toujours →P118

香草蛋糕

1條 2100日圓（含稅）／1切片 180日圓（含稅）
供應期間　整年

將奶油、雞蛋、砂糖、粉類的簡樸滋味做成有深度又更濃醇美味的蛋糕。使用優質奶油，雞蛋只用蛋黃，且放入能在唇齒間感覺顆粒般的大量香草豆，這些材料混合而成的黃色蛋糕體，散發豐富香氣與奢華滋味。

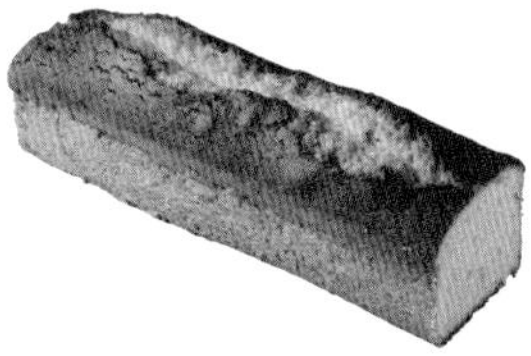

生薑

pâtisserie Ciel bleu →P98

生薑黑蜜蛋糕

1條 800日圓（含稅）
供應期間　整年

在接近海綿蛋糕體的蓬鬆蛋糕體麵糊內加入糖煮生薑、柳橙皮碎末、黑蜜烘烤，讓柳橙的糖漿浸透。是不散發生薑辛辣味並發揮清爽感的蛋糕，特別是女性或年長的回購者較多。

Maison de Petit Four →P34

西西里舞曲

1條 1836日圓（含稅）
供應期間　整年

材料中的法式杏仁和開心果是使用店家自製品，展現濃厚風味與扎實口感。藉由加入市售的開心果醬，提高風味。中間內餡和上部裝飾的半乾草莓除了帶來微酸感之外，也有色彩效果。

Pâtisserie Miraveille →P106

圓拱雙層蛋糕

1切片 180日圓（未稅）
供應期間　整年

構想的原型是使用黃色和褐色的雙層蛋糕體，利用有凹凸感的圓拱長烤模烘烤的德國甜點。將此構想調整為巧克力和杏仁膏的蛋糕體，再用一般圓拱長烤模製作。杏仁酒散發淡淡香氣。

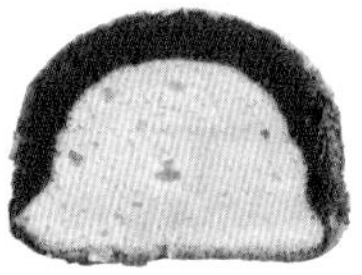

Pâtisserie Yu Sasage →P42

開心果蛋糕

1條 1680日圓（含稅）／1切片 260日圓（含稅）
供應期間　整年

在開心果蛋糕體的中心處放入店家自製的草莓覆盆子果醬。以開心果的濃厚風味和潤澤感為特徵。上部搭配覆盆子透明糖衣，它的紅色和蛋糕體的綠色交織出鮮豔色彩。

SUCRERIES NERD →P146

杏仁蛋糕

1條 1900日圓（未稅）
供應期間　整年

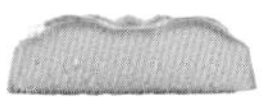

法國的傳統甜點。使用大量杏仁粉，並在混合時避免摻入空氣，做成充滿潤澤感的蛋糕體。使用花朵烤模烘烤完成後淋上杏桃醬，使外觀也精緻華麗。

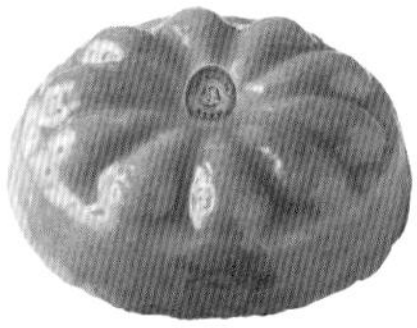

Pâtisserie Etienne →P70

開心果草莓蛋糕

1條 2000日圓（含稅）
供應期間　整年

在混入開心果醬的蛋糕體內加入草莓風味的法式水果軟糖，是色彩鮮豔的蛋糕。減少麵粉含量使蛋糕體有潤澤感，再藉由上層擺放的草莓馬卡龍，展現口感的對比。

開心果

Pâtisserie Voisin →P18

開心果蛋糕

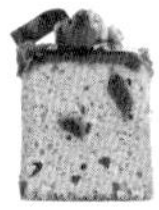

1條 1450日圓（含稅）／1切片 200日圓（含稅）
供應期間　整年

使用開心果醬或法式杏仁做成質地細緻潤澤的蛋糕體，再加入杏仁酒漬的野生櫻桃。上方裝飾豐富的覆盆子果醬和野生櫻桃以及開心果，呈現繽紛色彩。

味噌

Pâtisserie SERRURIE →P122

名古屋味噌磅蛋糕

1切片 180日圓（含稅）
供應期間　整年

使用老店「合資會社八丁味噌（カクキュー）」的高級八丁味噌製成的磅蛋糕。濃厚的味噌風味與奶油蛋糕口味契合，能帶出口感的餘韻。以作為名古屋的經典特產知名。

抹茶

chez Shibata →P46

創意抹茶鮮橙蛋糕

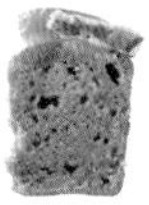

1條 1600日圓（含稅）
供應期間　春季～夏季

以口味契合的抹茶和柳橙結合，做成美味蛋糕。蛋糕體內使用了生產量在日本居指可數的愛知縣西尾市的抹茶以及切碎的橙皮。在純糖漬的西班牙產柳橙邊角處淋上融入抹茶的白巧克力做成裝飾。

橄欖

Pâtisserie La Girafe →P29

普羅旺斯蛋糕

1條 大型1400日圓、小型800日圓（各未稅）
1切片 240日圓（未稅）／供應期間　整年

以地中海沿岸的普羅旺斯為構思藍圖所製作的蛋糕。料理的構想是利用鹽味和甜味的絕妙均衡，將黑橄欖和綠橄欖、新鮮的迷迭香、八角等材料互相融合交織，再以糖煮柳橙的柑橘香氣統一整體風味。

番茄

PÂTISSERIE APLANOS →P110

番茄蛋糕

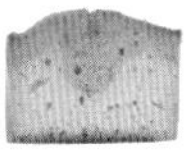

1條 1550日圓、半條 830日圓（各未稅）
1切片 185日圓（未稅）／供應期間　整年

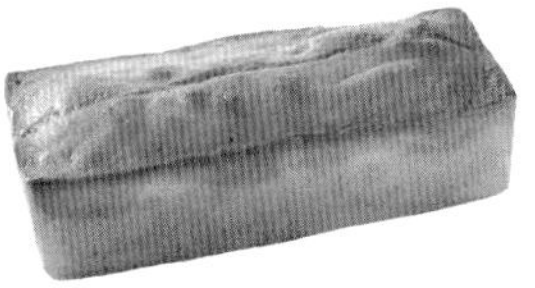

使用糖度偏高的小番茄品種「草莓番茄（Tomato-berry）」製作的果醬製成。在含杏仁粉的部分奶油蛋糕體內混入果醬，然後疊放在原味蛋糕體上，做出內層為雙層的蛋糕。在表面的中心位置將果醬擠成1條直線後烘烤。

乳酪／起司

pâtisserie plaisirs sucrés →P102

舒芙蕾乳酪蛋糕

1條 1150日圓（含稅）
供應期間　整年

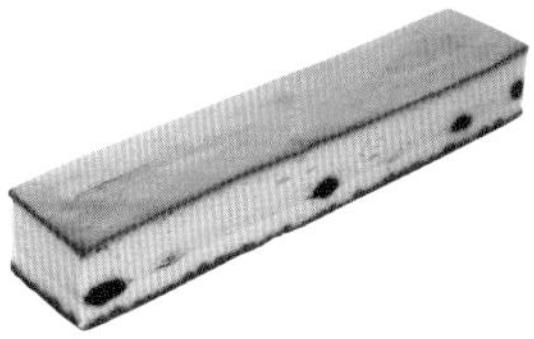

在沙布列的上方疊放重乳酪起司蛋糕體和香草舒芙蕾蛋糕體，做成雙層構造。能同時品嚐到重乳酪起司的濃厚風味和舒芙蕾的清爽美味。

pâtisserie plaisirs sucrés → P102

抹茶起司舒芙蕾

1條 1400日圓（含稅）
供應期間　整年

設計大膽具獨特個性的蛋糕，是在放入宇治抹茶的起司舒芙蕾蛋糕體上擺放甜煮嫩皮甜栗的圓形切片後烘烤而成的作品。可品嚐到抹茶與起司的絕佳搭配。

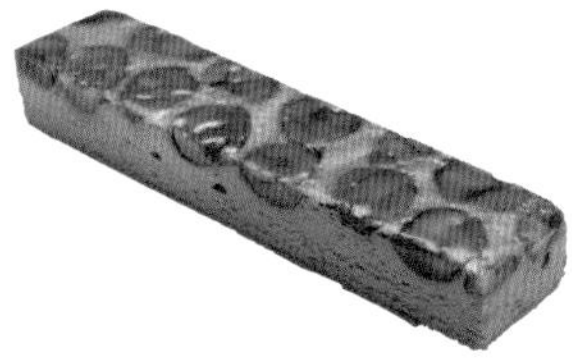

Pâtisserie Miraveille → P106

抹茶蛋糕

1切片 180日圓（未稅）
供應期間　整年

在以卡特卡蛋糕（Quatre-Quarts）為基礎的潤澤蛋糕體麵糊內揉入抹茶。抹茶使用宇治生產的產品。混入香橙皮，香氣清爽宜人。

焙茶

Comme Toujours → P118

焙茶黑糖蛋糕

1切片 180日圓（含稅）
供應期間　整年

在京都一保堂的焙茶內混入黑糖，再加入巧克力帶出濃醇感。一保堂的焙茶以獨特風味知名，但不會刻意強調味道，而是在食用完畢之後以掠過鼻腔的香氣展現特色。

各店家介紹及
蛋糕刊載頁

PÂTISSERIE APLANOS

焦糖杏桃蛋糕→P.110

也提供京都和菓子職人親自傳授、由甜點師傅製作的「本蕨餅（本わらびもち）」等日式和菓子，得到廣泛階層的支持。門市內也設有店內品嚐的專用露台。

地址　日本國埼玉縣埼玉市南區沼影1-1-20
電話　+81-48-826-5656
營業時間　10：00～19：00
固定公休日　星期三
URL　http://aplanos.jp

PÂTISSERIE Acacier

香橙無花果巧克力蛋糕
→P.50

2007年8月開店以來，興野主廚在遵循法國甜點基本傳統規則的同時，徹底實踐主廚應有的表現，持續吸引著甜點愛好者們。

地址　日本國埼玉縣埼玉市浦和區仲町4-1-12プリマベーラ1F
電話　+81-48-877-7021
營業時間　10：00～19：00
固定公休日　星期三（逢例假日則有變動）
URL　http://d.hatena.ne.jp/acacier2007

Pâtisserie Française Archaïque

水果內餡蛋糕→P.6

從帶餡甜點、糖類甜點，到主廚每天獨自一人親自烘烤的麵包類等，提供範圍廣泛的多種品項。其中以烘焙甜點和焦糖甜點最獲好評。

地址　日本國埼玉縣川口市戶塚4-7-1
電話　+81-48-298-6727
營業時間　星期一～星期六9：30～19：30
星期日、例假日9：30～19：00
固定公休日　星期四
URL　無

Agréable

水果內餡蛋糕→P.78

完全融入在京都老街裡的法式蛋糕店。帶餡甜點有近20種，另有多種烘焙點心和果醬。兼設店內品嚐的咖啡空間。

地址　日本國京都府京都市中京區夷川通高倉東入天守町757 ZEST-24 1F
電話　+81-75-231-9005
營業時間　10：00～20：00
固定公休日　不定期公休
URL　無

ÉLBÉRUN

巧克力杏仁蛋糕（巧克力）→P.90

品質精良的高雅風味不僅被當地居民喜愛，也廣受關西一帶的民眾歡迎。柿田衛二主廚熟稔德國甜點和法式甜點的技法，也有豐富的得獎經歷。

地址 日本國兵庫縣西宮市相生町7-12
電話 +81-120-440-380
營業時間 8：00～18：30
固定公休日 星期二（逢例假日照常營業）、星期三不定期公休
URL http://elberun.e-mon.co.jp

Arcachon

香橙蛋糕→P.74

傳統典雅氣氛的店內，陳列了麵包至小菜等範圍廣泛的商品，法式風味的鄉土甜點也很豐富。2014年4月，於東京吉祥寺開設分店。

地址 日本國東京都練馬區南大泉5-34-4
電話 +81-3-5935 -6180
營業時間 10：30～20：00
固定公休日 星期一（逢例假日照常營業）
URL http://arcachon.jp/

Pâtisserie Cache-Cache

酒釀黑櫻桃巧克力蛋糕→P.134

除了造型精美的帶餡甜點外，還有烘焙甜點。烘焙甜點的種類較少，仍有供應酥皮可頌和巧克力。主廚夫妻充滿幹勁地希望能使商品更加豐富充實。

地址 日本國埼玉縣埼玉市中央區大戶6-19-1ピュール大戶1F
電話 +81-48-852-8268
營業時間 星期一～星期六11：00～20：00
星期日、例假日11：00～19：00
固定公休日 星期二、每個月第三個星期一
URL 無

Pâtisserie Voisin

巧克力蛋糕→P.18

店名在法語中代表「近鄰、附近」的意思。位在東京荻窪閑靜的住宅街道上，讓當地居民能輕鬆品嚐到傳統的法式甜點。

地址 日本國東京都杉並區上荻2-17-10
電話 +81-3-6279-9513
營業時間 10：00～19：00
固定公休日 星期三
URL 無

GÂTEAU DES BOIS LABORATOIRE

野草莓蛋糕→P.38

在融入古都奈良街道的雅致店舖中，陳列了融合日本人感覺的精美法式甜點。本店位於西大寺前。

地址 日本國奈良縣奈良市四條大路3-4-54
電話 +81-742-93-8016
營業時間 10：00～20：00
（沙龍為～19：30，最後點餐時間為19：00）
固定公休日 星期三
URL http://www.gateau-des-bois.com

pâtisserie équi balance

咖啡焦糖蛋糕→P.82

山岸修主廚以法式料理人為出發點。在均衡良好的糕點作品中泰然自若地施展巧思，特地從遠方前來的粉絲也很多。

地址 日本國京都府京都市左京區北白川山田町4-1
電話 +81-75-723-4444
營業時間 10：00～19：00
固定公休日 星期一
URL http://equibalance.jp

Craquelin Alsace

栗子空心圓蛋糕→P.150

2000年9月開業。展現華麗感又容易食用的帶餡甜點也極受歡迎。『Craquelin Alsace』以外，也已另在千葉市美濱區開設『Craquelin』、海濱幕張開設『Craquelin Provence』。

地址 日本國千葉縣千葉市花見川區畑町426-1
電話 +81-43-296-3061
營業時間 10：00～19：00
固定公休日 無休
URL http://www.cpf-craquelin.com/

Pâtisserie Etienne

黑棗乾酪蛋糕→P.70

提供男女老少都喜愛的多彩甜點。活用當季水果等素材做成的帶餡甜點，以及玩心滿溢的創意烘焙甜點，都聚集了眾多人氣。

地址 日本國神奈川縣川崎市麻生區萬福寺6-7-13
マスターアリーナ新百合ヶ丘 IF
電話 +81-44-455-4642
營業時間 10：00～19：00
固定公休日 星期一
URL http://etienne.jp

Pâtisserie Shouette

焦糖甜栗蛋糕→P.130

『PÂTISSIER SHIMA』出身的水田步主廚的店。也有不少顧客特地為了這溫暖口味而從遠方前來。除了招牌蛋糕「巴斯克」以外，烘焙甜點也頗受歡迎。

地址　日本國兵庫縣三田市すずかけ台1-6-2
電話　+81-79-564-7888
營業時間　10：00～20：00
固定公休日　星期一（逢例假日則改為隔日公休）
URL　建置中

pâtisserie gramme

焦糖咖啡蛋糕→P.54

名古屋萬豪飯店出身，曾多次獲獎的三橋和也主廚的店。以法式的傳統切片蛋糕和充滿現代感的蛋糕為主。

地址　日本國愛知縣名古屋市千種區貓洞通2-5池洞マンション1F
電話　+81-52-753-6125
營業時間　10：00～18：00（咖啡廳最後點餐時間為17：30）
固定公休日　星期三（逢例假日、活動照常營業），星期四不定期公休
URL　http://www.1gramme.com

SUCRERIES NERD

沙感蛋糕→P.146

2012年11月開幕。除了備有約20種帶餡甜點以外，門市內可見的蛋糕、奶油圓蛋糕、年輪蛋糕等多彩的空心圓烘焙甜點，皆極受歡迎。

地址　日本國東京都大田區雪谷大塚町19-6
電話　+81-3-6425-8914
營業時間　10：00～20：00
固定公休日　星期三
URL　http://sucreriesnerd.com

Comme Toujours

紅茶大理石蛋糕→P.118

曾擔任『Alain Chapel』主廚甜點師傅的蜂谷康倫主廚的店。追求「將普通甜點做得比任何地方的還要美味」，獲評為只有這裡才有的好滋味。

地址　日本國京都府京都市北區小山元町50-1
電話　+81-75-495-5188
營業時間　10：00～19：30
固定公休日　星期三（逢例假日則改為隔日公休）
URL　無

Pâtisserie La Girafe

法式傳統糕點Pain d'épices
→P.29

經歷餐廳、飯店、『Coquelin Ainé』大阪店後自立門戶的本鄉純一郎主廚的店。店內洋溢著料理意識與法式精神的甜點備受矚目。

地址　日本國富山縣富山市黑瀨北町1-8-7
電話　+81-76-491-7050
營業時間　11：00～19：30
固定公休日　星期一、其他不定期公休
URL　http://www.patisserie-la-girafe.com/

chez Shibata

創意草莓蛋糕→P.46

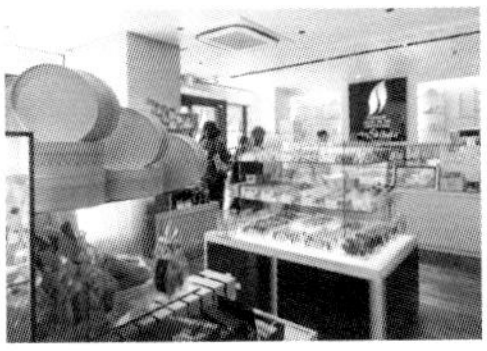

以1995年的多治見店開店為開端，包含海外的門市，共有10數間門市同時展開的『chez Shibata』名古屋店。超越時代、個性豐富的商品齊備。

地址　日本國愛知縣名古屋市千種區山門町2-54
電話　+81-52-762-0007
營業時間　10：00～20：00
固定公休日　星期二
URL　http://chez-shibata.com/

Pâtisserie SERRURIE

巧克力蛋糕→P.122

在東京『L'AUTOMNE』師事於神田廣達氏的小笠原俊介主廚於2006年開設的店。在創意中添加豐富玩心的商品聚集眾多人氣。

地址　日本國愛知縣東海市加木屋町1-120
電話　+81-562-34-6708
營業時間　10：00～20：00
固定公休日　星期三
URL　http://www.serrurie.com

pâtisserie Ciel bleu

香橙巧克力蛋糕→P.98

對烘焙甜點全心付出的伊藤嘉浩主廚的店。烘焙甜點有約35～40種，帶餡甜點有約30種，除此以外，15種馬卡龍也相當受歡迎。2013年於岡山市開設了2號店。

地址　日本國岡山縣總社市三輪674-1
電話　+81-866-94-8870
營業時間　10：00～19：00（咖啡廳最後點餐時間為18：30）
固定公休日　星期一（逢例假日則改為隔日公休）
URL　http://www.cielbleu2007.jp

matériel

嫣紅蛋糕→P.12

曾在世界大會等各種競賽中獲獎的林主廚的店。追求素材的品質與多元、適合各年齡層的人皆能美味品嚐的甜點，在店內最有人氣。

地址　日本國東京都板橋區大山町21-6白樹舘壹番館1F
電話　+81-3-5917-3206
營業時間　10：00～20：00
固定公休日　星期三
URL　http://www.patisserie-materiel.com

W.Boléro

焦糖鳳梨蛋糕→P.86

法式蛋糕店和沙龍合為一體的獨棟房屋。備有高品質的眾多商品，顧客來自日本全國各地。2013年於大阪本町開設兼設巧克力精品專賣店的2號店。

地址　日本國滋賀縣守山市播磨田町48-4
電話　+81-77-581-3966（電話受理時間為10：00～）
營業時間　11：00～20：00
固定公休日　星期二（逢例假日則改為隔日公休）
URL　http://www.wbolero.com

Pâtisserie Miraveille

黑棗巧克力蛋糕→P.106

曾在神戶和法國學習料理技法的妻鹿祐介主廚於2011年開幕的店。從帶餡甜點到酥皮可頌皆齊備，受到廣泛年齡層的支持。

地址　日本國兵庫縣寶塚市伊子志3-12-23-102
電話　+81-797-62-7222
營業時間　10：00～19：00
固定公休日　星期三、第2、4星期四
URL　http://miraveille.com

Pâtisserie PARTAGE

黑棗甜栗蛋糕→P.94

身為目前仍為少數的女店主兼主廚的店，於2013年3月開店以來一直持續受到矚目。未來預計也投入心力於麵包和烘焙的果子塔等。

地址　日本國東京都町田市玉川學園2-18-22
電話　+81-42-810-1111
營業時間　10：00～19：00
固定公休日　星期二
URL　http://www.patisserie-partage.com

Maison de Petit Four

火山蛋糕→P.34

1990年以烘焙甜點專賣店之姿開幕。西野主廚對法式傳統甜點的造詣極深，店內的烘焙甜點超過100種。從約10年前起，也開始提供帶餡甜點。

地址　日本國東京都大田區仲池上2-27-17
電話　+81-3-3755-7055
營業時間　9：30～18：30
固定公休日　星期三
URL　https://mezoputi.com/shop/

PUISSANCE

週末蛋糕→P.24

位於沉靜穩重的住宅街內，一戶獨棟的法式蛋糕店。店內滿溢著幾乎令人忘卻屋外事物的法式氛圍。

地址　日本國神奈川縣横濱市青葉區みたけ台31-29
電話　+81-45-971-3770
營業時間　10：00～18：30
固定公休日　星期四、不定期公休
URL　http://www.puissance.jp

pâtisserie mont plus

水果內餡蛋糕→P.66

每日皆銷售一空，位於神戶的人氣名店。也少量販售製作甜點的材料及相關器具。店內開設的甜點製作教室，甚至還有人特地從遠方前來上課。

地址　日本國兵庫縣神戶市中央區海岸通3-1-17
電話　+81-78-321-1048
營業時間　10：00～19：00
固定公休日　星期二
URL　http://www.montplus.com

pâtisserie plaisirs sucrés

椰子長條蛋糕→P.102

曾經擔任京都老店『Kyoto Laimant』主廚多年的河出啟志主廚的店。位於鄰近京都御所的河原町通丸太町，以當地顧客為主，觀光客也相當多。

地址　日本國京都府京都市上京區河原町通丸太町上る桝屋町368-9
電話　+81-75-708-7510
營業時間　10：00～19：00
固定公休日　星期二（逢例假日照常營業再擇日補休）
URL　http://plaisirs-sucres.la.coocan.jp

LE PÂTISSIER T.IIMURA

綜合果乾巧克力蛋糕→P.114

受到廣大年齡層喜愛，當地居民頻繁造訪的店。販售帶餡甜點18種、烘焙甜點25種以外，另有麵包約25種，其中佛卡夏麵包很受歡迎。瑞士捲有7～8種，種類豐富。

地址　日本國東京都墨田區東向島2-31-11グランデュール101
電話　+81-3-3619-1163
營業時間　11：00～20：00
固定公休日　星期一
URL　http://patissier-t-iimura.com/index.html

Pâtisserie Yu Sasage

香水蛋糕→P.42

顛覆既有製作方式、探求心旺盛的捧主廚於2013年5月於東京世田谷獨立開店。店內除了蛋糕6～8種以外，另陳列了帶餡甜點約15種、烘焙甜點超過20種。

地址　日本國東京都世田谷區南烏山6-28-13
電話　+81-3-5315-9090
營業時間　10：00～19：00
固定公休日　星期二、每個月第二個星期三
URL　http://ameblo.jp/patisserieyusasage2013/

PATISSERIE le Lis

水果蛋糕→P.126

2010年1月開店。從帶餡甜點到糖類甜點都有，售有範圍廣泛的多種產品。主廚得意的巧克力商品也有相當豐富的種類可供挑選。

地址　日本國東京都三鷹市下連雀1-9-16 KENTビル1F
電話　+81-422-70-5002
營業時間　10：00～19：00
固定公休日　星期二
URL　無

Pâtisserie La cuisson

栗子蛋糕→P.142

重視製作甜點中的「烘烤」過程，而取法國調理用語中代表「加熱調理」意義的詞語作為店名。店家自製的麵包也頗有好評。

地址　日本國埼玉縣八潮市南川崎882
ライツェントヴォーネン101
電話　+81-48-948-7245
營業時間　10：00～19：00
固定公休日　星期三、每個第三個星期二（逢例假日時會有變動）
URL　http://ameblo.jp/la-cuisson

PATISSERIE LES TEMPS PLUS

香橙蛋糕→P.58

2012年10月開幕。從帶餡甜點到烘焙甜點、酥皮可頌、巧克力等，以法式傳統甜點為中心，備有約120種品項的產品。

地址　日本國千葉縣流山市東初石6-185-1エルピス1F
電話　+81-4-7152-3450
營業時間　9：00～20：00
固定公休日　星期三（逢例假日照常營業）
URL　無

Pâtisserie Liergues

巧克力協奏曲→P.138

小森理江主廚曾在法國研修，於『Charles Friedel』學習後，在2008年開店。充滿時尚感的門市內陳列了多彩多樣的甜點。

地址　日本國大阪府東大阪市玉串町東3-1-11
電話　+81-72-973-7194
營業時間　10：00～19：00
固定公休日　不定期公休
URL　Facebook「liergues」

LE JARDIN BLEU

藍色花園紅茶香蛋糕→P.62

擁有法國學習經驗的福田主廚，以傳統法式甜點為基礎，做出日本人偏好的甜點風味。也提供店內享用。

地址　日本國東京都多摩市乞田1163
電話　+81-42-339-0691
營業時間　10：00～20：00
固定公休日　星期二（逢例假日時於隔日補休）
URL　無

頂尖甜點師的蒙布朗代表作

19X26cm　　176頁
彩色　　定價450元

頂尖甜點師忍不住想與您分享的蒙布朗自信作！

以阿爾卑斯山的白朗峰外型所設計的蒙布朗，是一種使用栗子為主要原料的法國甜點。由於廣受大眾歡迎，後來也逐漸發展出各式口味的蒙布朗。

本書所介紹的 35 款蒙布朗甜點，分別是由 35 位頂尖的甜點師所製作。

書中詳解每一款蒙布朗的構成材料以及製作過程與方法，並由甜點師親自與您分享蒙布朗的製作理念，讓您擁有和名師一樣的思考同步率！

想要知道頂尖甜點師都是如何創作出每一款令人心動的蒙布朗甜點嗎？

豐富、細膩、不私藏的蒙布朗甜點專書，讓您一次就可擁有如夢如幻的驕傲蒙布朗名作！

西點烘焙系列叢書

真的簡單！
第一次就烤出香濃磅蛋糕
21X26cm　　80頁
彩色　　定價250元

俐落的流線外型及令人陶醉的時尚感，誕生於英國，成長自法國，從奶油、雞蛋、砂糖和麵粉各取一磅，故稱磅蛋糕，在台灣又另名「重奶油蛋糕」。

掌握六大步驟，輕鬆簡單烤出香濃磅蛋糕★

(1) 需用好的材料：請用新鮮的奶油、砂糖、麵粉和新鮮的好食材

(2) 精準的分量：請準確的測量

(3) 確實做好事前準備：開始到完工不斷確認，為讓製作更順暢，可在腦袋想像整個過程。

(4) 均勻攪拌雞蛋和奶油：製作時請參照書中照片，確認基底材料狀態

(5) 飽含空氣：拌入大量空氣才會鬆軟可口

(6) 細膩的裝飾：完成既有光澤又精緻美味的香濃磅蛋糕★

這麼簡單製作磅蛋糕，初學者也可以立刻上手！

現在就來製作屬於自己的美味磅蛋糕囉！

TITLE

頂尖甜點師的磅蛋糕自信作

STAFF

出版 瑞昇文化事業股份有限公司
編著 旭屋出版書籍編集部
譯者 張華英

總編輯 郭湘齡
責任編輯 黃思婷
文字編輯 黃美玉 莊薇熙
美術編輯 謝彥如
排版 二次方數位設計
製版 明宏彩色照相製版有限公司
印刷 桂林彩色印刷股份有限公司
法律顧問 立勤國際法律事務所 黃沛聲律師

戶名 瑞昇文化事業股份有限公司
劃撥帳號 19598343
地址 新北市中和區景平路464巷2弄1-4號
電話 (02)2945-3191
傳真 (02)2945-3190
網址 www.rising-books.com.tw
Mail resing@ms34.hinet.net

本版日期 2016年4月
定價 450元

國家圖書館出版品預行編目資料

頂尖甜點師的磅蛋糕自信作 / 旭屋出版書籍編集部編著
; 張華英譯. -- 初版. -- 新北市 : 瑞昇文化, 2016.01
184 面 ; 19 x 25.7 公分
ISBN 978-986-401-071-4(平裝)

1.點心食譜

427.16 104027720